大数据存储 MongoDB 实战指南

郭远威 著

人 民 邮 电 出 版 社

北 京

图书在版编目（CIP）数据

大数据存储：MongoDB实战指南 / 郭远威著. -- 北京：人民邮电出版社，2015.2
ISBN 978-7-115-37655-8

Ⅰ. ①大… Ⅱ. ①郭… Ⅲ. ①关系数据库系统－指南
Ⅳ. ①TP311.138-62

中国版本图书馆CIP数据核字(2014)第299457号

内容提要

MongoDB 是一种面向文档的分布式数据库。时至今日，MongoDB 以其灵活的数据存储方式逐渐成为 IT 行业非常流行的一种非关系型数据库（NoSQL）。

本书从学习与实践者的视角出发，本着通俗精简、注重实践、突出精髓的原则，精准剖析了 MongoDB 的诸多概念和要点。全书共分 4 个部分，分别从基础知识、深入理解 MongoDB、监控与管理 MongoDB 和应用实践几个维度详细地介绍了 MongoDB 的特点及应用实例。

本书适合有海量数据存储需求的人员、数据库管理开发人员、数据挖掘与分析人员以及各类基于数据库的应用开发人员阅读。读者将从书中获得诸多实用的知识和开发技巧。

◆ 著 郭远威
责任编辑 陈冀康
责任印制 张佳莹 彭志环

◆ 人民邮电出版社出版发行 北京市丰台区成寿寺路 11 号
邮编 100164 电子邮件 315@ptpress.com.cn
网址 http://www.ptpress.com.cn
北京七彩京通数码快印有限公司印刷

◆ 开本：800×1000 1/16
印张：11.75 2015 年 2 月第 1 版
字数：220 千字 2025 年 1 月北京第 17 次印刷

定价：49.80 元

读者服务热线：(010)81055410 印装质量热线：(010)81055316
反盗版热线：(010)81055315

前言

多年来，我一直在和数据库存储技术打交道，深知数据存储技术在整个 IT 系统中起着至关重要的作用，尤其是随着云计算时代的到来，所有企业都面临着海量的数据信息，如何处理这些数据成为当前研究的热点。在过去二十几年中，数据的存储是关系数据库的天下，它以高效、稳定、支持事务的优势几乎统治了整个行业的存储业务；但是随着互联网的发展，许多新兴产业如社交网络、微博、数据挖掘等业务快速增长，数据规模变得越来越庞大，高效存储、检索、分析这些海量的数据，关系数据库变得不再适用。前几年我们还可以看到网络上关于关系数据库与 NoSQL 数据库谁优谁劣的激烈讨论，如今 NoSQL 几乎占据了各大数据库论坛讨论的大部分版块。一些行业领头公司也逐渐将业务迁移到非关系数据库上，NoSQL 类型的数据库也变得越来越成熟。当然，在未来一段时间里关系数据库如 Oracle、DB2、SQL Server 等仍会在事务性要求比较高的行业（如银行、电信等）发挥它的作用。

另一方面，在信息技术领域，计算与存储一直是密不可分的，当前我们身处云计算的浪潮中，因此对应的各种云存储技术也呼之欲出。本书将介绍的 NoSQL 数据库 MongoDB 正是众多分布式海量数据存储技术中最出色的一种。MongoDB 是一种面向文档的分布式数据库，可扩展，表结构自由，支持丰富的查询语句与数据类型，旨在为未来的大数据应用提供高性能的云存储解决方案。当然 MongoDB 并不是万能的，随着了解的深入，我们也会发现它的缺点，这也是本书的宗旨，尽量让读者明白它的长处与短处，对于特定的业务选择最合适的数据库存储方案。最后我们希望本书介绍的 MongoDB 知识能为您在未来的项目中处理海量数据时提供帮助。

本书内容

本书尽量从一个学习与实践者的角度，本着力求精简、突出精髓的原则，剖析了 MongoDB 在生产环境中使用需要知道的所有内容，全书分 4 部分，共 13 章，每章的内容简单介绍如下。

第 1 章　本章主要从什么是 MongoDB 以及几个核心进程两方面概述了 MongoDB，使读者整体上对 MongoDB 的体系结构有个认识。

第 2 章　本章主要介绍了 MongoDB 的查询语言系统，包含各种查询选择器以及查询选项，这是对任何一个数据库都有的内容。

第 3 章　本章主要介绍了 MongoDB 的索引与查询优化。

第 4 章　本章主要介绍了 MongoDB 的增、删、改语句。

第 5 章　本章主要从底层存储视图与写操作流程剖析了 MongoDB 的 Journaling 日志功能。

第 6 章　本章主要介绍了 MongoDB 的聚集分析框架与 MapReduce 的编程模型。

第 7 章　本章主要介绍了复制集的功能与工作机制，包含数据同步、故障转移、写关注等，这些是 MongoDB 的核心。

第 8 章　本章主要介绍了分片集群，包含部署架构、分片、读写分离、片键选择等内容，这是 MongoDB 不同于传统关系数据库地方，也是实现海量数据分布式存储的关键。

第 9 章　本章主要介绍了分布式文件系统的 GridFS 文件，实现二进制数据的存储。

第 10 章　本章主要介绍了对 MongoDB 的管理与监控，包括数据的导入导出、备份恢复以及运行状态的监控。

第 11 章　本章主要介绍权限控制，实现不同数据库对不同角色用户的权限分配。

第 12 章　本章主要从应用开发角度，介绍了 MongoDB 的 PHP 驱动接口。

第 13 章　本章主要介绍了一个完整的电商平台，数据库使用的是 MongoDB 并对前面所有章节的知识进行总结，内容包含电商平台数据库表的设计、核心代码的编写、前台界面的原型图设计等,还介绍了开发 Web 应用程序常用的 PHP 框架 Codeigniter 和前端开发框架 Bootstrap 等。

本书特色

- 注重实践，本书为多年一线数据库存储，部署开发经验的总结。
- 注重效率，本书用最精简的篇幅直接阐明问题的本质，节省宝贵的阅读时间。
- 注重基础，本书用计算机领域相关的基础理论知识来解释某些难于理解的概念。
- 案例丰富，本书使用完整的例子与代码注释，使读者可以直接上手操作。
- 把握未来，大数据势不可挡，本书介绍的 MongoDB 特性与此息息相关。

读者对象

- 有海量数据存储需求的人员。
- 数据库管理与开发人员。
- 数据挖掘与分析人员。
- 各类基于数据库的应用程序开发人员。

谨以此书献给热爱技术、热爱 MongoDB 的朋友们!

目录

第一部分　基础知识

第二部分　深入理解 MongoDB

第三部分 监控与管理 MongoDB

第四部分 应用实践

第一部分　基础知识

这一部分主要介绍 MongoDB 方面的基础知识，熟悉关系数据库的读者能够快速地认识到 MongoDB 是什么以及与其他数据库的区别，这一部分的基础知识很重要，贯穿整本书，建议多实践和测试。

第 1 章　本章介绍了大数据、云计算的基本概念以及云存储与 MongoDB 的关系，还介绍了 MongoDB 是什么、它的特点以及如何在各种平台上部署 MongoDB 等，最后介绍了 MongoDB 部署启动后一些关键的进程。

第 2 章　本章介绍了各种查询操作，这是数据库上最常用的一个操作。MongoDB 的查询与关系数据库的语法区别很大，但它们很多设计思想是相同的，查询选择器相当于关系数据库中经常用到的 where 语句，查询选项相当于过滤出需要返回的字段。最后介绍了一种特殊对象的查询操作，这在关系数据库中是没有的。

第 3 章　本章介绍了查询用到的索引以及利用索引对查询的优化，这个思想和关系数据库也是一致的，利用索引来提高查询效率。

第 4 章　本章介绍了对 MongoDB 插入、删除、修改操作，至此一系列完整的增删改查的操作都介绍完了，对于一般的应用程序开发都能支持了。

第1章 大数据与云计算

1.1 什么是大数据

对于各种规模大小的组织机构而言，由于数据爆炸式的增长，传统的数据处理技术变得越来越难适应，需要有变革的技术来存储、分析这些大数据。谁能够掌握这些存储、分析技术，谁就有可能成为未来市场的主导者。财富500强公司在这个方面已走在前列，他们认识到大数据不仅仅是一门技术，而且是未来商业的发展趋势，并且已经开始从创新的大数据业务中受益。例如，企业能够分析用户的Web点击习惯，总结出用户喜好，进而有针对性地开展促销；政府部门能够利用大数据预测疾病的传播趋势，进而提前进行干预。

具体来说，大数据技术涉及到数据的创造、存储、获取和分析，数据的主要特点有以下几个。

数据量大。一个典型的PC机在2000年前后其存储空间可能有10GB，今天Facebook一天增加的数据量就将近有500TB；一架波音737的飞机围绕美国飞行一周将会产生240TB的数据；移动互联网的发展，智能手机的普及，人们每时每刻都在产生数以百万计的数据。

数据变化快。高速的股票交易市场，产生的数据以微秒计算；基础设施系统、实施系统每秒都产生大量的变化的日志，每秒都处理大量的并发。

数据多样性。大数据的类型不仅仅是简单的数字、日期和字符串，它可能包含地理数据、3D数据、音视频以及无结构的文档，而且这么多类型的数据可能需要保存在一起。

大数据技术的战略意义不仅在于掌握庞大的数据信息，而且也在于对这些含有意义的数据进行专业化处理。换言之，如果把大数据比作一种产业，那么这种产业实现盈利的关键在于提高对数据的“存储和加工能力”，通过“加工”实现数据的“增值”。大数据技术能够利用修改过的硬件取代原来高消耗和昂贵的老系统。由于许多大数据技术是开源的，它们实施起来更快且更便宜，例如，将它的数据存储技术迁移到 MongoDB 上来。

1.2 什么是云计算

云计算的定义有多种说法，对于到底什么是云计算，我们至少可以找到 100 种解释。目前广为接受的是美国国家标准与技术研究院定义：云计算是一种按使用量付费的模式，这种模式提供可用的、便捷的、按需的网络访问，进入可配置的计算资源共享池（资源包括网络、服务器、存储、应用软件、服务），这些资源能够被快速提供，只需投入很少的管理工作，或与服务供应商进行很少的交互，本质上就是虚拟化技术的延伸，以服务的形式提供客户。按照服务的形式，目前主要有如下 3 种形式的云计算。

1. IaaS：基础设施即服务

IaaS（Infrastructure-as-a-Service）：基础设施即服务。消费者通过 Internet 可以从完善的计算机基础设施获得服务，例如硬件服务器租用。

2. SaaS：软件即服务

SaaS（Software-as-a- Service）：软件即服务。它是一种通过 Internet 提供软件的模式，用户无需购买软件，而是向提供商租用基于 Web 的软件，来管理企业经营活动。例如：阳光云服务器。

3. PaaS：平台即服务

PaaS（Platform-as-a- Service）：平台即服务。PaaS 实际上是指将软件研发的平台作为一种服务，以 SaaS 的模式提交给用户。因此，PaaS 也是 SaaS 模式的一种应用。但是 PaaS 的出现可以加快 SaaS 的发展，尤其是加快 SaaS 应用的开发速度，例如软件的个性化定制开发。

1.3 大数据与云计算

从技术上看，大数据与云计算的关系就像一枚硬币的正反面一样密不可分。大数据必然无法用单台的计算机进行处理，必须采用分布式计算架构。它的特色在于对海量数据的挖掘，但它必须依托云计算的分布式处理，也就说大数据就像做饭用的一堆原材料，云计算就像做饭用的工具。云计算解决了大数据的运算工具问题，而对大数据的存储我们需要相应的云存储工具。云存储是在云计算概念上延伸和发展出来的一个新的概念，是指通过集群应用或分布式文件系统等功能，将网络中大量的存储设备通过应用软件集合起来协同工作，共同对外提供数据存储和业务访问功能的一个系统。所以云存储是一个以数据存储和管理为核心的云计算系统，本书介绍的 MongoDB 就可以当作一个云存储系统使用。

1.4 什么是 MongoDB

MongoDB 是一个可扩展、开源、表结构自由、用 C++语言编写且面向文档的数据库，旨在为 Web 应用程序提供高性能、高可用性且易扩展的数据存储解决方案。

MongoDB 是一个介于关系数据库和非关系数据库之间的产品，是非关系数据库当中功能最丰富、最像关系数据库的 NoSQL 数据库；它支持的查询语言非常强大，其语法有点类似于面向对象的查询语言，可以实现类似关系数据里单表查询的绝大部分功能，而且还支持对数据建立索引。

MongoDB 不是在实验室里面凭空想象出来的产品，它是 10gen 公司的工程师根据实际的需求而设计的，主要基于以下几点考虑，需要一种新的数据库技术来满足数据存储层的水平扩展，而且要容易开发，能够存储海量的数据；一种非关系的结构是使数据库能支持水平扩展的最好方案；文档数据模型（BSON）容易编码和管理，将内部相关的数据放在一起能够提高数据库的操作性能。

MongoDB 服务端可运行在 Linux、Windows 或 OS X 平台，支持 32 位和 64 位应用，默认监听端口为 27017。MongoDB 的内存管理依赖于操作系统的自动内存管理机制，而且通过 Map 对数据文件进行内存映射，因此推荐 MongoDB 运行在 64 位平台上，否则在 32 位模式受虚拟内存地址大小的限制，而且运行时支持的最大文件尺寸也只能为 2GB。当然对于测试和开发环境我们可以在 32 位模式下进行，生产环境上最好是部署在 64 位上。

MongoDB 发展迅速，无疑是当前 NoSQL 领域的人气王，就算与传统的关系数据库比较也不甘落后，数据库知识网站 DB-Engines 根据搜索结果对 223 个数据库系统进行流行度排名，2014 年 7 月的数据库流行度排行榜前 12 名如图 1-1 所示。

我们可以看到前三甲依然是 Oracle、MySQL 和微软的 SQL Server，值得关注的是，第五名 MongoDB 与第四名 PostgreSQL 之间的积分差距已不足 1 分。前四名由于历史原因都是关系数据库，许多大型的垄断行业仍然在使用这些关系数据库。

Rank		Last Month	DBMS	Database Model	Score	Changes
1.		1.	Oracle	Relational DBMS	1485.12	-15.80
2.		2.	MySQL	Relational DBMS	1295.78	-13.77
3.		3.	Microsoft SQL Server	Relational DBMS	1246.60	+22.81
4.		4.	PostgreSQL	Relational DBMS	239.46	-0.53
5.		5.	MongoDB	Document store	238.78	+7.33
6.		6.	DB2	Relational DBMS	202.01	+3.98
7.		7.	Microsoft Access	Relational DBMS	144.62	+2.26
8.		8.	SQLite	Relational DBMS	91.16	+1.97
9.	↑	10.	Sybase ASE	Relational DBMS	83.72	+3.03
10.	↓	9.	Cassandra	Wide column store	81.58	-0.26

图 1–1　2014 年 7 月 DB-Engines 上的数据库排行榜

MongoDB 只通过 6 年时间就将公司市值发展到 12 亿美元，其成果相当于著名开源公司 Red Hat 20 年的发展。MongoDB 的成功之路，一大部分归功于 Web 开发者。作为一个面向文档数据库，在许多场景下它都优于 RDBMS，同时还可以获得非常高的读写性能。此外，动态、灵活的模式更可以让用户在商用服务器上轻松地进行横向扩展。

1.5　大数据与 MongoDB

大数据意味着新的机会，企业能够创造新的商业价值。MongoDB 这样的数据库可以支撑很多大数据系统，它不仅可以作为一个实时的可操作的大数据存储系统，也能在离线大数据分析系统中使用。利用 MongoDB 作为大数据的云存储系统，企业能够在全世界范围内存储更多的数据，吸引更多的用户，挖掘更多用户的喜好，创造更多的价值。

选择正确的大数据存储技术，对使用者的应用和目标是非常重要的。MongoDB 公司提供的产品和服务能让使用者担更少的风险、花更少的精力提供更好的生产系统产品。事实上，MongoDB 天生就是为云计算而生的，其原生的可扩展架构，通过启用分片和水平扩展，能提供云存储所需的技术；此外，它的自动管理被称为“副本集”的冗余服务器，以保持数据的可用性和完整性。MongoDB 目前已经成为多家领先的云计算供应商，其中包括亚马逊网络服务、微软和 SoftLayer 等。

MongoDB 还支持 Google 提出的 MapReduce 并行编程模式，为大数据的分析提供了强有力的保障。MongoDB 同时提供了与 Hadoop 的接口，与其他第三方数据分析工具完美结合。

1.6 MongoDB 特点

它的存储模型与关系数据库的比较如表 1-1 所示。

表 1-1 MongoDB 存储模型与 MySQL 的对比

关系数据库（MySQL）	MongoDB
database	database
table	collection
row	document/object

关系数据库中最基本的单元是行，而 MongoDB 中最基本存储单元是 document，典型结构如下所示。

```
{
"_id" : ObjectId("51e0c391820fdb628ad4635a"),
"author" : { "name" : "Jordan","email" : "Jordan@123.com" },
"postcontent" : "jordan is the god of basketball",
"comments" : [
            {"user" : "xiaoming", "text" : "great player"},
            { "user" : "xiaoliang", "text" : "nice action" }
          ]
}
```

它用与 JSON 格式类似的键值对来存储（在 MongoDB 中叫 BSON 对象），其中值的数据类型有常见的字符串、数字、日期，还可以是 BSON 对象、数组以及数组的元素，也可以是 BSON 对象，通过这种嵌套的方式，使 MongoDB 的数据类型变得相当丰富。

MongoDB 与传统关系数据库还有一个重大区别就是：可扩展的表结构。也就是说 collection（表）中的 document（一行记录）所拥有的字段（列）是可以变化的，下面文档对象 document（一行记录）比上面列出的文档对象 document（一行记录）多一个 time 字段，但它们可以共存在同一个 collection（表）中。

```
{
"_id" : ObjectId("51e0c391820fdb628ad4635a"),
"author" : { "name" : "Jordan","email" : "Jordan@123.com" },
"postcontent" : "jordan is the god of basketball",
"comments" : [
            {"user" : "xiaoming", "text" : "great player"},
            { "user" : "xiaoliang", "text" : "nice action" }
          ],
"time": "2013-07-13"
}
```

MongoDB 查询语句不是按照 SQL 的标准来开发的，它围绕 JSON 这种特殊格式的文档型存储模型开发了一套自己的查询体系，这就是现在非常流行的 NoSQL 体系。关系数据库中常用的 SQL 语句在 MongoDB 中都有对应的解决方案。当然也有例外，MongoDB 不支持 JOIN 语句。我们知道传统关系数据库中 JOIN 操作可能会产生笛卡尔积的虚拟表，消耗较多系统资源，而 MongoDB 的文档对象集合 collection 可以是任何结构，我们可以通过设计较好的数据模型尽量避开这样的操作需求。如果真的需要从多个 collection（表）中检索数据，那我们可以通过多次查询得到。

在关系数据库中经常用到的 group by 等分组聚集函数，在 MongoDB 中也有，而且 MongoDB 提供了更加强大的 MapReduce 方案（GOOGLE 提出的并行编程），为海量数据的统计、分析提供了便利。

MongoDB 支持日志功能 Journaling，对数据库的增、删、改操作会记录在日志文件中。MongoDB 每 100ms 将内存中的数据刷到磁盘上，如果意外停机，在数据库重新启动时，MongoDB 能通过 Journaling 日志功能恢复。

MongoDB 支持复制集（Replset），一个复制集在生产环境中最少需要 3 台独立的机器（测试的时候为了方便可能都部署在一台机器上），一台作主节点（primary），一台作次节点（secondary），一台作仲裁节点（只负责选出主节点），备份、自动故障转移，这些特性都是复制集支持的。

MongoDB 支持自动分片 Sharding，分片的功能实现海量数据的分布式存储，分片通常与复制集配合起来使用，实现读写分离、负载均衡，当然如何选择片键是实现分片功能的关键。如何实现读写分离我们后面会详细分析。

总之，MongoDB 最吸引人的地方应该就是自由的表结构、MapReduce、分片、复制集，通过这些功能实现海量数据的存储、高效地读写以及数据的分析。

1.7 安装 MongoDB

MongoDB 官方已经提供了 Linux、Windows、Mac OS X 以及 Solaris 4 种平台的二进制分发包，最新的稳定版本是 2.6.3，下载地址是：http://www.mongodb.org/downloads ，如图 1-2 所示。

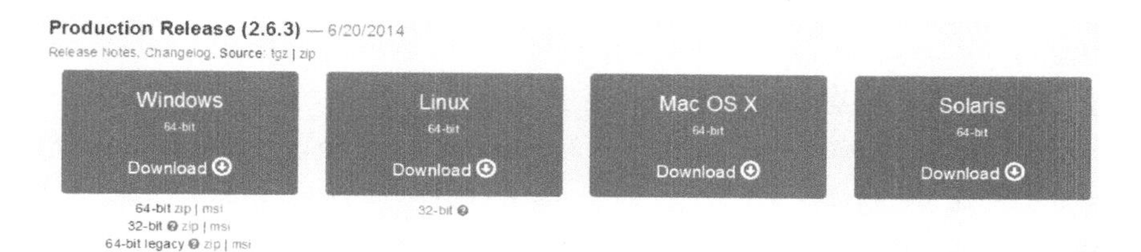

图 1-2 各平台二进制分发包

下载完成后，解压，我们就能直接运行里面的二进制文件，这里所讨论的安装 MongoDB，一般指的是运行 MongoDB 服务器端的进程 mongod。

解压后，在 bin 目录下，我们可以看到一个名为 mongod.exe 的可执行程序，这个就是服务器端进程对应的程序。因为 MongoDB 启动时需要指定数据文件所在的目录，所以先要建立一个保存数据文件的目录，如 D:\mongodb-win32-i386-2.6.3\ test_single_instance\data；启动时也可以指定一个日志文件，如 D:\ mongodb-win32-i386-2.6.3\test_single_instance\logs\ 123.log，我们通过以下命令就可以启动。

```
> mongod --config E:\MongoDB-win32-i386-2.6.3\test_single_instance\123.conf
```

上述步骤在 Linux 平台上也是一样的，只不过要注意目录和文件的读写权限。

还有一种安装方式就是直接通过各 Linux 分发版本对应的包管理器，如 RedHat、Debian、Ubuntu 等都有自己的包管理器，通过包管理器安装时，系统会自动创建数据目录和日志文件，找到这些目录和文件所在的位置，后续分析问题可能会经常要读取日志文件。

1.8 几个重要的进程介绍

通过官网下载的二进制包中有几个重要的可执行文件，这些可执行文件运行后都会对应一个相应的进程。

1.8.1 mongod 进程

Mongod.exe 为启动此数据库实例进程对应的可执行文件，是整个 MongoDB 中最核心的内容，负责数据库的创建、删除等各项管理工作，运行在服务器端为客户端提供监听，相当于 MySQL 数据库中的 mysqld 进程。

启动数据库实例会用到以下命令。

```
>mongod --config E:\MongoDB-win32-i386-2.6.3\test_single_instance\123.conf
```

配置文件 123.conf 内容如下所示。

```
dbpath = E:\MongoDB-win32-i386-2.6.3\test_single_instance\data
logpath = E:\MongoDB-win32-i386-2.6.3\test_single_instance\logs\123.log
journal = true
port = 50000
auth = true
```

dbpath 为数据库文件存储路径；logpath 为数据库实例启动、运行、错误日志文件；journal 启动数据库实例的日志功能，数据库宕机后重启时依赖它恢复；port 数据库实例的服务监听端口；auth 启动数据库实例的权限控制功能。其他可选参数可以通过 mongod–help 查看。

1.8.2 mongo 进程

mongo 是一个与 mongod 进程进行交互的 JavaScript Shell 进程，它提供了一些交互的接口函数用于系统管理员对数据库系统进行管理，如下面命令所示。

>mongo --port 50000–username xxx–password xxx–authenticationDatabase admin

mongo 的参数 port 为 mongod 进程监听的端口，参数 username 为连接数据库的用户名，参数 password 为连接数据库的密码，参数 authenticationDatabase 为要连接的数据库。上述命令连接成功后，进程就会提供给用户一个 JavaScript Shell 环境，通过一些函数接口来管理数据库，其他参数可通过 mongo--help 选项查看。

1.8.3 其他进程

1. mongodump 提供了一种从 mongod 实例上创建 BSON dump 文件的方法，

mongorestore 能够利用这些 dump 文件重建数据库，常用命令格式如下。

mongodump --port 50000 --db eshop --out e:\bak

参数--port 表示 mongod 实例监听端口，--db 表示数据库名称，--out 表示备份文件保存目录，更多可选参数可通过 mongodump–help 查看。

2. mongoexport 是一个将 MongoDB 数据库实例中的数据导出来生产 JSON 或 CSV 文件的工具，常用命令格式如下。

mongoexport --port 50000 --db eshop --collection goods --out e:\goods.json

3. mongoimport 是一个将 JSON 或 CSV 文件内容导入到 MongoDB 实例中的工具，常用命令格式如下。

mongoimport --port 50000 --db eshop --collection goods --file e:\goods.json

4. mongos 是一个在分片中用到的进程。所有应用程序端的查询操作都会先由它分析，然后将查询定位到具体某一个分片上，它的作用与 mongod 类似，客户端的 mongo 与它连接。

5. mongofiles 提供了一个操作 MongoDB 分布式文件存储系统的命令行接口，常用命令如下。

mongofiles--port 40009 --db mydocs --local D:\算法导论学习资料.pdf put algorithm_introduction.pdf

它表示将本地文件 D:\算法导论学习资料.pdf 上传到数据库 mydoc 中保存。

6. mongostat 提供了一个展示当前正在运行的 mongod 实例的状态工具，相当于 UNIX/Linux 上的文件系统工具 vmstat，但是它提供的数据只与运行着的 mongod 或 mongos 的实例相关。

7. mongotop 提供了一个分析 MongoDB 实例花在读写数据上的时间的跟踪方法。它提供的统计数据在每一个 collection（表）级别上。

1.9 适合哪些业务

当前各行各业都离不开数据的存储与检索需求，传统关系数据库发展了这么多年，在有些垄断性行业如电信、银行等仍然是首选，因为这些行业需要数据的高度一致性，只有支持事务的数据库才能满足它们的要求。但随着这几年互联网业务的发展，数据量越来越大，并发请求也越来越高，一个大系统中只用一种数据库并不能很好地满足全部业务的发展，同时以 MongoDB 为代表的 NoSQL 数据库快速发展，在某些方面展示了它们的优越性，逐渐被采用并取代了系统中的某些部件，总的来说以下几个方面比较适合使用 MongoDB 这类的数据库。

1. Web 应用程序

Web 应用是一种基于 BS 模式的程序，业务的特点是读写请求都比较高，早期系统的数据量可能很少，但是发展到一定程度后数据量会暴增，这就需要数据存储架构能够适应业务的扩展。传统的关系数据库表结构都是固定的，增加一个业务或者横向扩展数据库都会带来巨大的工作量。MongoDB 支持无固定结构的表模型，因此很容易增加或减少表中的字段，适应业务的变化；同时 MongoDB 本身就支持分片集群，很容易实现水平扩展，将数据分散到集群中的各个片上，提高了系统的存储容量和读写吞吐量。Web 应用程序还有一个特点就是"热数据"读并发很高，也就是说最新的数据被请求的次数会最多。为了提供读的性能，在传统的关系数据将中会采用其他的缓存技术来将这部分数据放在内存中，而 MongoDB 本身就支持这一点，它是通过内存映射数据文件来实现的。它会维护一个工作集，将最热的数据放在内存中，不需要其他技术的协助，这为系统开发提供了简便性，如图 1-3 所示。

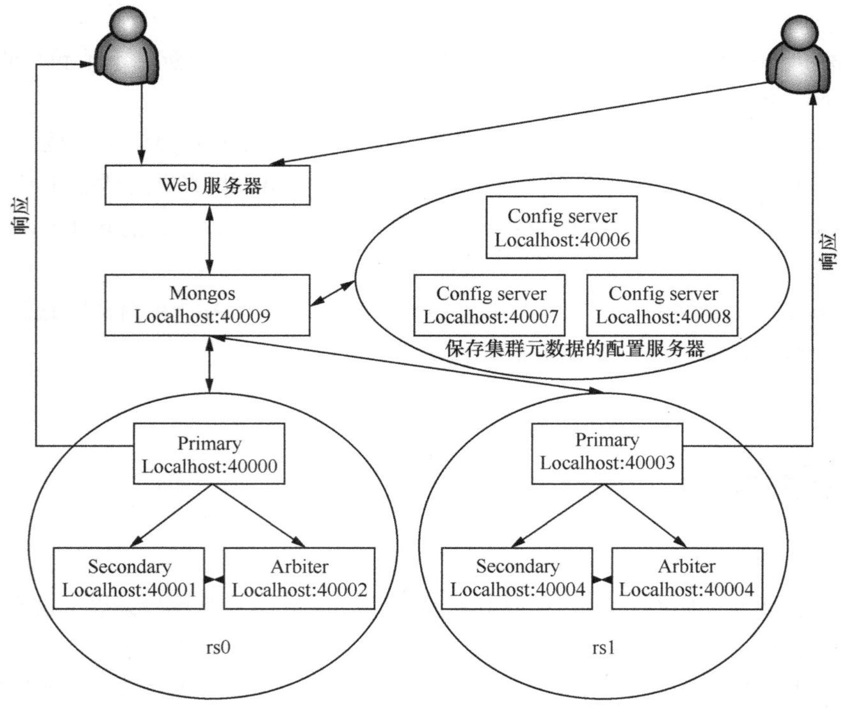

图 1-3　Web 应用中的 MongoDB 架构

2. 缓存系统

这种使用场景是与关系数据库搭配使用，作为关系数据库的缓存前端。目前缓存技术有很多种，最常见的就是使用 memcached，但是这些缓存系统都有个缺点，就是支持的数据类型有限，查询语句也有限，只能保存少量的数据且不能持久化。而 MongoDB 这些都能支持，因此可以作为缓存使用，如图 1-4 所示。

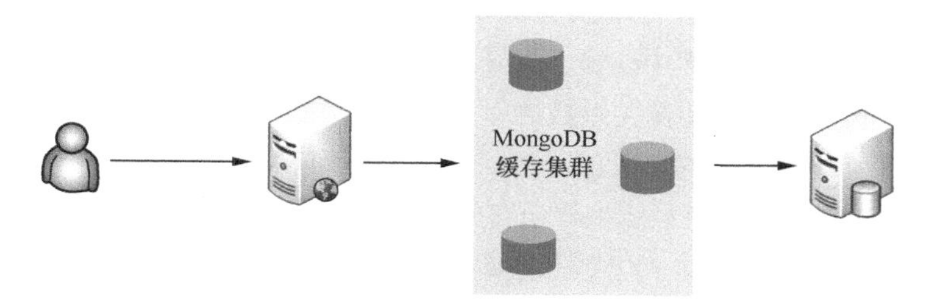

图 1-4 MongoDB 作为关系数据库的缓存使用

3. 日志分析系统

这类系统的特点是数据量大，允许部分数据丢失，不会影响整个系统的可靠性。以前将日志直接保存到操作系统的文件上，我们需要用其他工具打开日志文件或编写工具读日志进行分析，这样的话对于大量的日志查询会比较困难。如果用 MongoDB 数据库来保存这些日志，一来可以利用分片集群使日志系统的容量海量大，二来使用 MongoDB 特有的查询语句能够快速找到某条日志记录。最重要的是 MongoDB 支持聚集分析甚至 MapReduce 的能力，为大数据的分析和决策提供了强有力的支持，如图 1-5 所示。

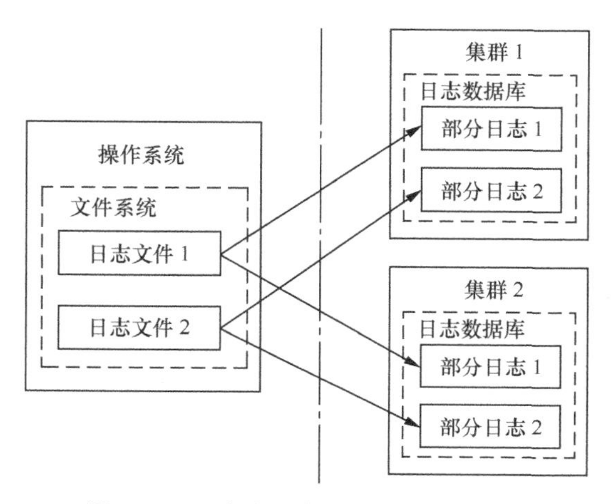

图 1-5 日志系统中的 MongoDB 应用

1.10 小结

MongoDB 是一个面向文档的数据库，不支持关系数据库中的 join 操作和事务。它用集合的概念代替了关系数据库中的表，用最小逻辑单元文档代替关系数据库中的行。它的集合结构是动态的，没有必要像关系数据库一样插入数据前先定义表结构，而且可以随时增加、修改、删除组成文档的字段。

MongoDB 支持当前所有主流编程语言的客户端驱动，使用方便，应用广泛，非常适合文档管理系统的应用、移动 APP 应用、游戏开发、电子商务应用、分析决策系统、归档和日志系统等应用。MongoDB 支持所有主流平台的安装，但在 32 位的平台上部署时会有所限制，这是由它采用内存映射数据文件机制决定的，生产环境中最好部署在 64 位平台上。

第2章 查询语言系统

查询就是获取存储在数据库中的数据。在 MongoDB 中，查询通常针对一个集合来操作。查询可以指定查询条件，只返回匹配的文档；还可以指定投影项，只返回指定的字段，减少返回数据到客户端的网络流量。

为了进行测试，我们先假想一个常用的电子商务网站上可能用到的数据结构模型。在关系数据库 MySQL 中我们可能需要设计 3 个表如客户表 customers、订单表 orders、商品表 products，其中 customers 表中的主键为 cust_id，products 表中的主键为 prod_id，orders 表中主键 order_id，外键 cust_id 和 prod_id 分别与客户和产品关联，这就是在关系数据库中经常干的事情，整个结构如图 2-1 所示。

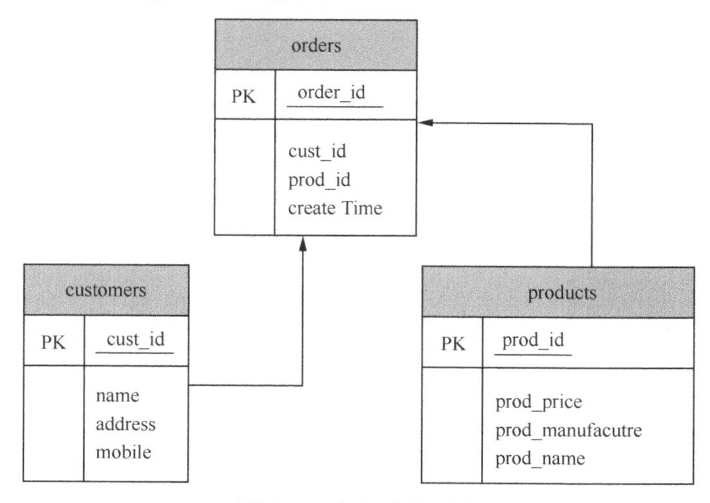

图 2-1　数据库模型图

查询某个客户所订购的所有商品名称的 SQL 语句则为以下格式。

```
select t1.name,t3.prod_name from customer t1
join orders t2 on t1.cust_id = t2.cust_id
join products t3 on t2.prod_id = t3.prod_id;
```

在 MongoDB 中我们抛弃了这种关联的思路来设计表结构，正如 10gen 公司的工程师所说：“如果还用以前关系数据库的思路来建模，有时会适得其反”。在 MongoDB 中提倡的设计思路可能是建立一个客户表，在表中包含业务需要的尽可能多的数据信息，这样最终会产生一些冗余信息，但是在 NoSQL 的世界里是提倡这样做的。与上面的业务需求相同，则最终插入的文档对象 document 结构如下所示。

```
db.customers.insert
({
cust_id:123,
name:"xiaoming",
address:"china chasha ",
mobile:"999999",
orders:[
  {order_id:1,
  createTime:"2013-7-13",
  products:[{prod_name:"surface Pro64G",prod_manufacture:"micosoft"},
        {prod_name:"mini Apple",prod_manufacture:"Apple"}
        ]
  },
{order_id:2,
createTime:"2013-7-12",
products:[{prod_name:"xbox",prod_manufacture:"micosoft"},
{prod_name:"iphone",prod_manufacture:"Apple"}]
}]
}
)
```

查询某个客户下的所订购的商品信息的查询语句则为如下格式。

```
db.customers.find({cust_id:123},{name:1,orders:1})
```

上面从一个简单的业务需求对比了关系数据库和 MongoDB 的不同，当然为了支持企业级的业务需求，MongoDB 能做的绝不只是这些，下面我们将系统地介绍 MongoDB 的各种查询语句。

2.1 查询选择器

$lte 表示的是小于或等于。我们先插入 10 条记录，便于测试。

```
for(var i =1; i<11; i++) db.customers.insert({id:i,name:"xiaoming",age:100+i})
```

最简单的查询语句为：db.customers.find()，按照插入的顺序返回前 20 个文档，如果记录总数比 20 大，则我们可以通过命令“it”获取更多文档。

```
> db.customers.find({id:9})
```

精确匹配选择器，返回包含键值对 id:9 的文档。

```
> db.customers.find({name:"xiaoming",age:101})
```

精确匹配选择器，但查询条件是要返回同时匹配键值对 name:"xiaoming"且 age:101 的文档。

```
> db.customers.find({age:{$lt:102}})
```

$lt 表示的是小于

```
> db.customers.find({age:{$lte:102}})
```

$lte 表示的小于或等于

```
> db.customers.find({age:{$gt:119}})
```

$gt 表示的是大于

```
> db.customers.find({age:{$gte:119}})
```

$gte 表示的是大于或等于

```
> db.customers.find({age:{$lt:120,$gte:119}})
```

范围选择器，age:{$lt:120,$gte:119}表示的是小于 120，大于或等于 119

```
> db.customers.find({id:{$in:[1,2]}})
```

$in 表示返回 key 的值在某些 value 范围内

```
> db.customers.find({id:{$nin:[1,2]}})
```

$nin 表示返回 key 的值不在某些 value 范围内，$nin 是一种比较低效的查询选择器，它会进行全表扫描，因此最好不要单独使用$nin

```
> db.customers.find({id:{$ne:1}})
```

$ne 表示不等于。单独使用$ne，它也不会利用索引的优势，反而会进行全表扫描，我们最好与其他查询选择器配合使用。

```
> db.customers.find({$or:[{id:11},{age:119}]})
```

$or 表示或运算的选择器，主要用于对两个不同 key 对应的文档进行连接。

```
> db.customers.find({$and:[{id:11},{age:111}]})
```

$and 表示与运算的选择器，对于两个不同的 key，要同时满足条件。

```
> db.customers.find({id:{$exists:false}})
```

$exists 与关系数据库中的 exists 不一样，因为 MongoDB 的表结构不是固定的，有的时候需要返回包含有某个字段的所有记录或者不包含某个字段的所有记录，$exists 这时就可以派上用场了，上面的语句就是返回不包含字段 id 的所有记录。当然为了实现这种需求，还有另外一种可替代的语句即 db.customers.find({id:null})。

```
> db.customers.find({'detail.age':105})
```

这是一种嵌套查询的形式，detail 字段的值也是一个 BSON 对象，文档结构如下。

```
{
 "_id" : ObjectId("51e3dd1791fa05a27697ab4b"),
"id" : 1, "name" : "xiaohong", "
detail" : { "sex" : "male", "age" : 105 }
 }
```

嵌套查询时匹配的 key 如果有多级嵌套深度，一级一级地用点号展开。

最后我们看一个比较复杂的查询来结束本话题，假设系统中有如下所示的这样一种文档类型。

```
{
"_id" : ObjectId("51e3e28e91fa05a27697ab55"),
"id" : 1, "name" : "xiaohong", "
detail" : [ { "sex" : "femle", "age" : 105 },
{ "address" : "china", "post" : 5}
]
}
```

查询 post 等于 5 的文档，则查询语句如下。

```
> db.customers.find({'detail.1.post':5})
```

匹配字符串中先取需要匹配的 key(detail)，由于 detail 键对应的 value 为数组，detail.1 表示要取数组中第二个位置处的元素，又鉴于数组的元素也是个 BSON 文档对象，我们可以通过 detail.1.post 定位到需要匹配的键。

2.2 查询投射

上面介绍的查询选择器用来返回匹配的文档集，有时我们需要对返回的结果集作进一步的处理，如只需要返回指定的字段，此时查询投射项就可发挥它的功效了，下面我们逐一剖析。

```
> db.customers.find({'detail.1.post':5},{_id:0,id:1,name:1})
```

此条语句执行的效果就是按照条件'detail.1.post':5 来返回结果集，但是只选择 id 和

name 两个字段的值进行显示，同时过滤掉默认生成的字段_id，如果不加上_ id:0 则会显示此默认的字段。总的来说第一个{}内为查询选择器；第二个{}内为对前面返回的结果集进行进一步过滤的条件，即投射项。

```
> db.customers.find({}).sort({id:-1})
```

对查询的结果集按照 id 的降序进行排序后返回。我们知道排序是很费时间的，对于排序有一点很重要，就是确保排序的字段上建立了索引，而且排序执行计划能够高效地利用索引。

```
> db.customers.find({}).skip(10).limit(5).sort({id:-1})
```

此条语句执行的过程是先对结果集进行排序，然后跳过 10 行，从这个位置开始返回接下来的 5 行。但是我们要注意如果传递给 skip 的参数很大，那么查询语句将会扫描大量的文档，这样执行性能将会很低下。因此我们在查询语句中尽量不要用 skip，用其他办法替换 skip 想要实现的功能。

2.3 数组操作

我们来看下面这个查询语句。

```
db.customers.find({'detail.1.post':5},{_id:0,id:1,name:1})
```

投射选项{_id:0,id:1,name:1}针对的值是简单类型，包括查询选择器也是嵌套文档，可以通过操作符“.”一点点嵌套进去，如果值为数组类型并且数组的元素又是文档类型，查询语句将有所变化。下面我们展开分析。

假如有一个类似下面结构的数据。

```
{
  "_id" : 4,
  "AttributeName" : "material",
  "AttributeValue" : ["牛仔", "织锦", "雪纺", "蕾丝"],
  "IsOptional" : 1
}
{
  "_id" : 5,
  "AttributeName" : "version",
  "AttributeValue" : ["收腰型", "修身型", "直筒型", "宽松型", "其他"],
```

```
  "IsOptional" : 1
}
```

1. 精确匹配数组值

我们可以通过简单的精确匹配得到某条记录，如以下语句所示。

```
> db.DictGoodsAttribute.find({"AttributeValue" : ["收腰型", "修身型", "
直筒型",
"宽松型", "其他"]})
```

返回值如下。

```
{ "_id" : 5, "AttributeName" : "version", "AttributeValue" : [ "收腰型",
"修身型", "直筒型", "宽松型", "其他" ], "IsOptional" : 1 }
```

2. 匹配数组中的一个元素值

假如数组有多个元素，只要这些元素中包含有这个值，就会返回这条文档，如下面语句所示。

```
> db.DictGoodsAttribute.find({"AttributeValue" :"收腰型"})
```

假如此时集合中有如下两条记录：{ "_id" : 5, "AttributeName" : "version", "AttributeValue" : ["收腰型", "修身型"]}和{ "_id" : 5, "AttributeName" : "version", "AttributeValue" : ["修身型", "收腰型","直筒型"]}，则返回值中这两条记录都会存在。

3. 匹配指定位置的元素值

如下面语句所示。

```
> db.DictGoodsAttribute.find({"AttributeValue.0" :"收腰型"})
```

它表示数组中第0个位置的元素值为"收腰型"的记录才返回。上面查询结果只返回如下记录：{ "_id" : 5, "AttributeName" : "version", "AttributeValue" : ["收腰型", "修身型"]}。

下面我们再看一个更复杂的数据模型，数组的元素不是简单的值类型，而是一个文档，如下记录。

```
{
  "_id" : 1,
   "StatusInfo" : [
                {
                  "status" : 9,
                  "desc" : "已取消"
                },
                {
                 "status" : 2,
```

```
                "desc" : "已付款"
            }]
}
```

字段"StatusInfo"是一个嵌套文档的数组。

4. 指定数组索引并匹配嵌套文档中的字段值

如下面语句所示。

```
>db.Order.find({"StatusInfo.0.status":2})
```

返回数组中索引 0 处且嵌套文档中 status 值为 2 的所有文档。如果不指定索引值，效果与第 2 种情况中介绍的一样，只要数组中包含有 status 值为 2 的文档，都会被返回。这里与第 1、2、3 种情况有点不一样的地方是数组的元素值是文档，而不是简单的值，所以要指定键名。

上面对数组操作的语句会返回所有字段，我们可以通过投影只返回指定的字段值，如下面语句所示。

```
>db.Order.find({"_id" : 2},{_id:0,StatusInfo:1})
```

返回值如下。

```
{
"StatusInfo" : [
              {
               "status" : 9,
               "desc" : "已取消"
              },
              {
               "status" : 2,
               "desc" : "已付款"
              }]
}
```

返回的结果中数组包含的信息仍然较多，需求可能只需要返回状态的描述"desc"即可，我们可以通过下面语句实现。

```
>db.Order.find({"StatusInfo.status":2},{_id:0,"StatusInfo.desc":1})
```

加上了一个键名来过滤，返回值如以下所示。

```
{
   "StatusInfo" : [{ "desc" : "已付款" }, { "desc" : "已发货" } ]
}
```

现实的需求可能更挑剔，需要返回当前订单的最新状态（数组中最后一个元素），此时需要用专门针对数组投射的操作符$slice 来完成了，如下语句所示。

```
>db.Order.find({"_id":2},{_id:0,"StatusInfo":{"$slice":-1},"StatusInfo.desc":1}
```

返回值如下所示。

```
{
   "StatusInfo" : [ { "desc" : "已发货" } ]
 }
```

流程如图 2-2 所示。

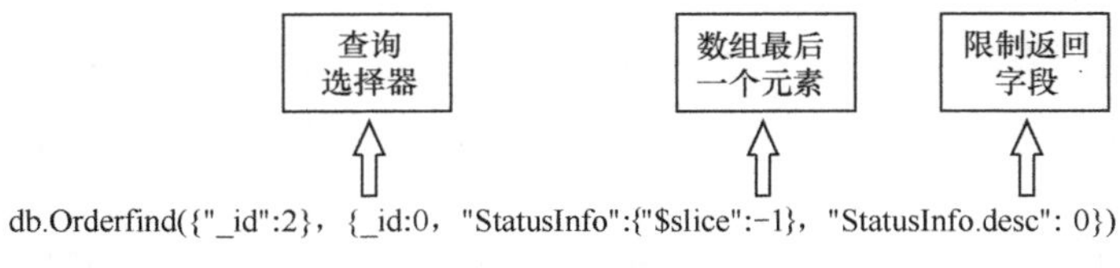

图 2-2 执行流程

关系数据库中常用的查询语句，在 MongoDB 中一般都有类似的实现。同所有其他数据库一样，索引选择的数据结构是一样的，查询语句的性能问题应该引起足够的重视，第 3 章我们将分析索引与查询优化方面的问题。

2.4 小结

MongoDB 不支持关系数据库中标准的 SQL 查询，它有一套自己的查询语言，基本上能实现关系数据库中那样的查询要求；查询选择器就相当于关系数据库中 where 语句后面的内容，查询投射项相当于关系数据库中 select 语句后面需要返回的字段。MongoDB 的字段数据类型可以嵌套，可以为数组等多种复杂的结构模型，用于弥补没有 join 操作的不足，因此针对字段值类型为数组的查询，它提供了一些特殊的查询方式。

第3章 索引与查询优化

索引是个与数据存储和查询相关的古老话题，目的只有一个："提高数据获取的性能"。我们知道一本书的前面几页肯定会有一个目录，这个目录式的索引能使我们快速查询想看的内容；把目光转移到计算机上，索引则变得抽象，有时候不好理解。索引保存在哪里，是个什么样的数据结构，计算机领域的索引无外乎也是这两个主题。磁盘上保存有大量的文件，文件系统对这些文件进行管理。文件系统将磁盘抽象为4个部分，依次如下所示。

引导块	超级块	索引节点表	数据块

这当中索引节点表保存了所有文件或目录对应的inode节点（Linux文件系统），通过文件名或目录找到对应的inode节点，通过inode节点定位到文件数据在文件系统中的逻辑块号，最后根据磁盘驱动程序将逻辑块号映射到磁盘上具体的块号。回到数据库方面，数据库保存记录的机制是建立在文件系统上的，索引也是以文件的形式存储在磁盘上，在数据库中用到的最多的索引结构就是B树。尽管索引在数据库领域是不可缺少的，但是对一个表建立过多的索引也会带来一些问题，索引的建立要花费系统时间，同时索引文件也会占用磁盘空间。如果并发写入的量很大，每个插入的文档都要建立索引，可想而知，性能会较低。因此合理地建立索引是关键，搞清楚哪些字段上需要建立索引、索引以什么样的方式建立，我们需要对每个查询过程进行分析，才能得出合理的结论。

3.1 索引

在MongoDB上，索引能够提高读操作及查询性能。没有索引，MongoDB必须扫描集合中的每一个文档，然后选择与查询条件匹配的文档，这种全表扫描的方式是非常低效的。MongoDB索引的数据结构也是B+树，它能存储一小部分集合的数据，具体来说就是存储集合中建有索引的一个或多个字段的值，而且按照值的升序或降序排列。对于一个查询来说，如果存在合适的索引，MongoDB 能够利用这个索引减少文档的扫描数量，如图 3-1 所示查询商品价格低于 50 的所有商品；甚至对于某些查询能够直接从索引中返回结果，不需要再去扫描数据集合，这种查询是非常高效的，如图 3-2 所示。

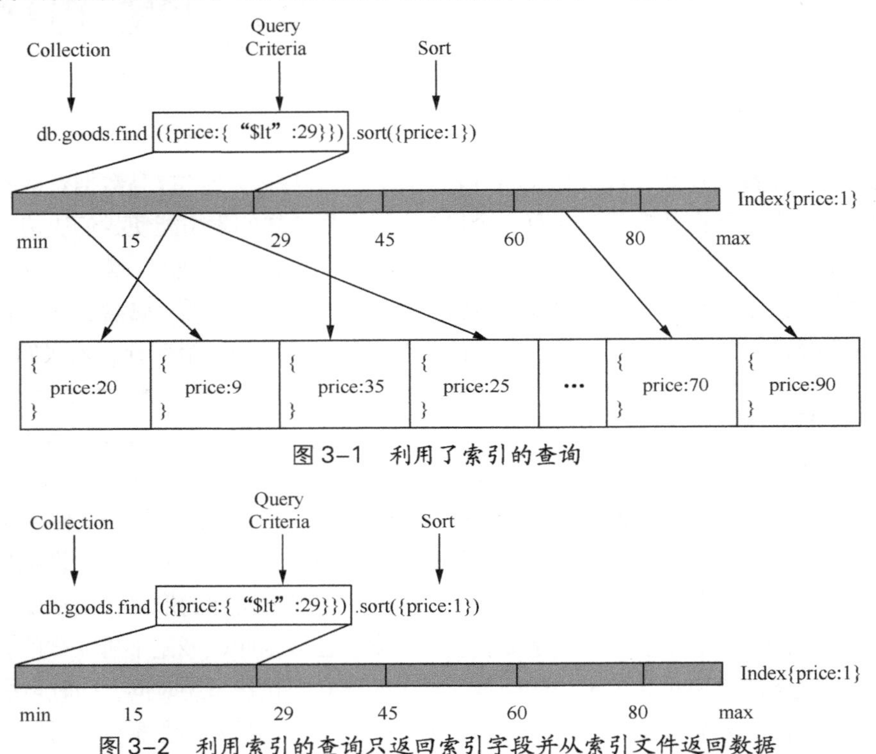

图 3–1　利用了索引的查询

图 3–2　利用索引的查询只返回索引字段并从索引文件返回数据

3.1.1　单字段索引

MongoDB 默认为所有集合都创建了一个_id 字段的单字段索引，而且这个索引是唯一的，不能被删除，_id 字段作为一个集合的主键，值是唯一的，对于一个集合来说，也可以在其他字段上创建单字段的唯一索引，如下面所述。

为了测试展开，我们先按照下面的语句插入如下一些数据。

```
> for(var i = 1;i < 10;i++) db.customers.insert({name:"jordan"+i,country:"American"})
> for(var i = 1;i < 10;i++) db.customers.insert({name:"gaga"+i,country:"American"})
> for(var i = 1;i < 10;i++) db.customers.insert({name:"ham"+i,country:"UK"})
> for(var i = 1;i < 10;i++) db.customers.insert({name:"brown"+i,country:"UK"})
```

```
> for(var i = 1;i < 10;i++) db.customers.insert({name:"ramda"+i,country:"Malaysia"})
```

建立单字段唯一索引或者去掉{unique:true}选项就是一个普通的单字段索引。

```
> db.customers.ensureIndex({name:1},{unique:true})
```

索引结构如图 3-3 所示。

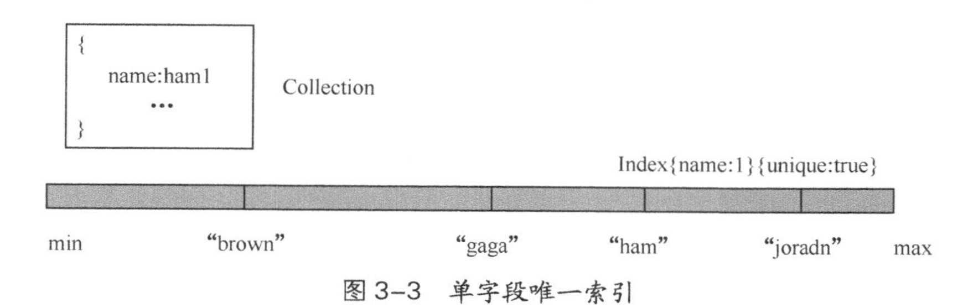

图 3-3 单字段唯一索引

唯一索引成功创建后，会在相应数据库的系统集合 system.indexes 中增加一条索引记录，如下所示。

```
> db.system.indexes.find()
{ "v" : 1, "key" : { "_id" : 1 }, "ns" : "eshop.customers", "name" : "_id_" }
{ "v" : 1, "key" : { "name" : 1 }, "unique" : true, "ns" : "eshop.customers",
"name" : "name_1" }
```

我们可以看到有两条记录，第一条为系统默认创建在生成的键_id 上；第二条为以上创建的唯一索引。索引记录中 v 表示索引的版本；key 表示索引建立在哪个字段上；1 表示索引按照升序排列；索引记录所在的命名空间，name 表示唯一的索引名称。唯一索引与普通索引的区别是要求插入的所有记录在创建索引的键值上唯一。

执行查询，一个用索引字段作为查询选择器；一个不用索引字段作为查询选择器进行比较。

```
> db.customers.find({name:"ramda9"}) .explain()
{
        "cursor" : "BtreeCursor name
        "isMultiKey" : false,
        "n" : 1,
        "nscannedObjects" : 1,
        "nscanned" : 1,
        "nscannedObjectsAllPlans" :1
        "nscannedAllPlans" : 1,
        "scanAndOrder" : false,
        "indexOnly" : false,
        "nYields" : 0,
```

```
        "nChunkSkips" : 0,
        "millis" : 7,
        "indexBounds" : {
        "name" : [
         [
        "ramda9"
        "ramda9"
        ]
        ]
        },
        "server" : "GUO:50000"
}
```

以上查询语句执行返回的结果中"cursor" : "BtreeCursor name 表示此查询用到了索引；isMultiKey 表示查询是否用到了多键复合索引；n 反映了查询选择器匹配的文档数量；nscannedObjects 表示查询过程中扫描的总的文档数；nscanned 表示在数据库操作中扫描的文档或索引条目的总数量；nscannedObjectsAllPlans 表示反映扫描文档总数在所有查询计划中；nscannedAllPlans 表示在所有查询计划中扫描的文档或索引条目的总数量；scanAndOrder 表示 MongoDB 从游标取回数据时，是否对数据排序；nYields 表示产生的读锁数；millis 表示查询所需的时间，单位是毫秒。

```
> db.customers.find({country:"Malaysia"}).explain()
{
"cursor" : "BasicCursor",
"isMultiKey" : false,
"n" : 9,
"nscannedObjects" : 45,
"nscanned" : 45,
"nscannedObjectsAllPlans" : 45,
"nscannedAllPlans" : 45,
"scanAndOrder" : false,
"indexOnly" : false,
"nYields" : 0,
"nChunkSkips" : 0,
"millis" : 0,
"indexBounds" : {
},
```

```
"server" : "GUO:50000"
}
```

这是一个没用到索引的查询，匹配的文档数为 9，但是扫描的总文档数为 45，进行了全表扫描。

3.1.2 复合索引

MongoDB 支持多个字段的复合索引，复合索引支持匹配多个字段的查询。

在 customers 表中再插入一些测试数据。

```
> for(var i = 1;i < 10;i++) db.customers.insert({name:"lanbo"+i,country:"Malaysia"})
```

查询语句如下。

```
> db.customers.find({country:"Malaysia"}).explain()
```

该查询会扫描 54 个文档，全表扫描，匹配上的文档只有 18 个，没有用到索引。

接着我们在 country 字段上建立一个索引，db.customers.ensureIndex({country:1})，重新执行以下查询语句。

```
>db.customers.find({country:"Malaysia"}).explain()
```

该查询则会扫描 18 个文档，同时匹配 18 个文档，查询用到了刚才创建的索引"BtreeCursor country_1"。

到此数据库已有的索引如下所示。

```
> db.system.indexes.find()
{ "v" : 1, "key" : { "_id" : 1 }, "ns" : "eshop.customers", "name" : "_id_" }
{ "v" : 1, "key" : { "name" : 1 }, "unique" : true, "ns" : "eshop.customers",
"name" : "name_1" }

{ "v" : 1, "key" : { "country" : 1 }, "ns" : "eshop.customers", "name" :
"country_1" }
```

最后创建一个复合索引，索引结构如图 3-4 所示。

```
> db.customers.ensureIndex({name:1,country:1})
```

执行如下查询语句。

```
> db.customers.find({name:"lanbo2",country:"Malaysia"}).explain()
```

扫描的文档数为 1；匹配的文档数也为 1，查询用到了复合索引"BtreeCursor name_1_country_1"。

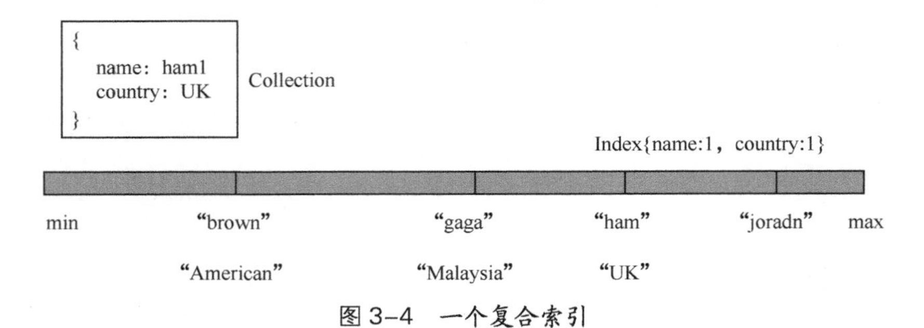

图 3-4 一个复合索引

3.1.3 数组的多键索引

如果对一个值为数组类型的字段创建索引，则会默认对数组中的每一个元素创建索引，我们来看下面结构的文档集合。

```
{
  "_id" : 1,
  "AttributeName" : "price",
  "AttributeValue" : ["0-99", "100-299", "300-499", "500-899",
"900-1499", "1500 以上"],
  "IsOptional" : 1
}
```

字段 AttributeValue 值为数组类型，在其上面创建如下一个索引。

```
> db.DictGoodsAttribute.ensureIndex({AttributeValue:1})
```

创建成功后，字段会添加一个如下索引条目，结果如图 3-5 所示：

```
{
    "v" : 1, "key" : { "AttributeValue" : 1 },
    "name" : "AttributeValue_1", "ns" : "haoyf.DictGoodsAttribute"
}
```

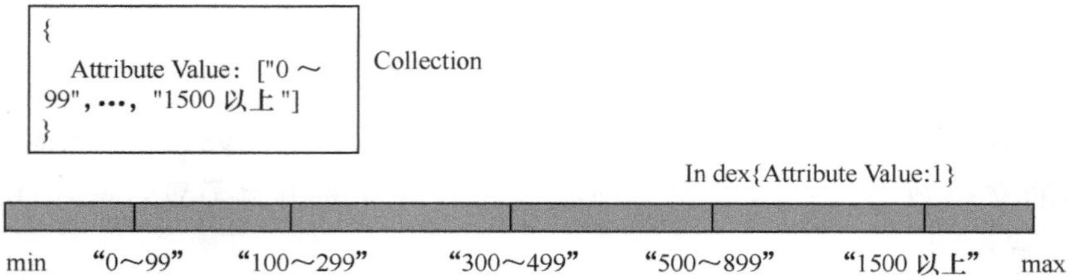

{
Attribute Value: ["0～99",…, "1500 以上"]
}
Collection
In dex{Attribute Value:1}
min "0～99" "100～299" "300～499" "500～899" "1500 以上" max

图 3-5 基本数组索引

如果数组的元素值为一个嵌套的文档，如下面文档结构所示。

```
{
  "_id" : 1,
  "StatusInfo" : [{
    "status" : 9,
    "desc" : "已取消"
  }]
}
```

我们可以创建一个{ "StatusInfo.desc" : 1 }的多键索引，如下命令所示。

```
>db.Order.ensureIndex({"StatusInfo.desc":1})
```

索引结构如图 3-6 所示。

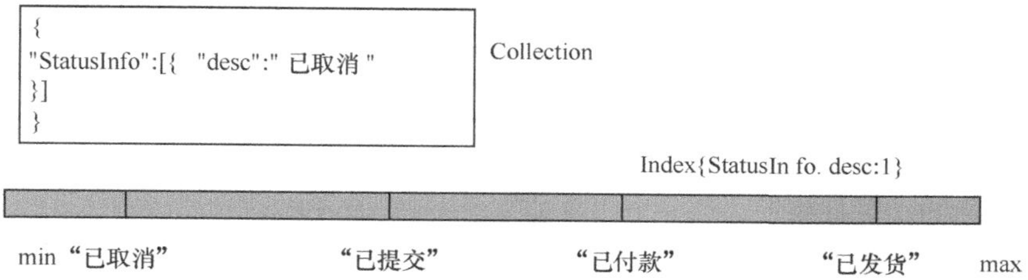

图 3-6 数组多键索引

查询订单状态为"已取消"的执行计划如下。

```
> db.Order.find({"StatusInfo.desc":"已取消"}.explain()
```

"cursor" : "BtreeCursor StatusInfo.desc"，"nscannedObjects" : 1, "nscanned" : 1，说明利用了刚才创建的索引。

3.1.4 索引管理

通过上面创建的索引我们可以看到，索引记录都保存在特殊的集合 system.indexes 中。此文档集合的表结构在上面我们已经有过描述。创建索引的语法也很简单，如下所示。

```
>db.collection.ensureIndex(keys, options)
```

keys 是一个 document 文档，包含需要添加索引的字段和索引的排序方向；option 是可选参数，控制索引的创建方式。

索引的删除并不是直接找到索引所在的集合 system.indexes，通过在集合上执行 remove 命令来删除，而是通过执行集合上的命令 dropIndex 来删除的。如删除上面创建的如下复合索引。

```
> db.customers.dropIndex("name_1_country_1")
```

其中参数为索引的名称。

3.2 查询优化

查询优化的目的就是找出慢的查询语句，分析慢的原因，然后优化此查询语句。

MongoDB 对于超过 100ms 的查询语句，会自动地输出到日志文件里面，因此找出慢查询的第一步是查看 MongoDB 的日志文件，如果觉得这 100ms 阈值过大，我们可以通过 mongod 的服务启动选项 slowms 来设置，它的默认值是 100ms。

用上面的方法找出慢查询可能比较粗糙，第二种定位慢查询的方法是打开数据库的监视功能，它默认是关闭的，我们可以通过下面的命令打开。

```
db.setProfilingLevel(level,[ slowms] )
```

参数 level 是监视级别，值为 0 表示关闭数据库的监视功能，为 1 表示只记录慢查询，为 2 表示记录所有的操作；slowms 为可选参数，设定慢查询的阈值。

所有监视的结果都将保存到一个特殊的集合 system.profile 中。

通过上面的两种方法我们可以找出慢查询的语句，然后通过建立相应的索引基本可以解决绝大部分的问题。但是我们有时需要更加精细的优化代码，这就需要分析这些慢查询的执行计划，查看查询是否用到索引，是否与我们想要的执行计划相同，用 MongoDB 的 explain 命令可以查看执行计划，正如 3.1.1 小节所做的那样。

3.3 小结

MongoDB 可以在一个集合上建立一个或多个索引，而且必须为在字段_id 建立一个索引，建索引的目的与关系数据库一样，就是为了提高对数据库的查询效率；一旦索引创建好，MongoDB 会自动地根据数据的变化维护索引，如果索引太大而不能全部保存在内存中，将被移到磁盘文件上，这样会影响查询性能，因此要时刻监控索引的大小，保证合适的索引在内存中；监控一个查询是否用到索引，可以在查询语句后用 explain 命令。并不是所有的字段都要建立索引，我们应该根据自己业务所涉及的查询，建立合适的索引。

如果系统有大量的写操作，由于需要维护索引的变化，会导致系统性能降低。我们在对大数据建立索引时最好在后台进行，否则会导致数据库停止响应。要注意虽然我们在某些字段上建了索引，但是查询时可能用不上索引，如使用$ne 和$nin 表达式等。

第 4 章 增改删操作

4.1 插入语句

与其他关系数据库类似，增加记录可以使用 insert 语句来完成，下面来看一个例子。

```
> db.customer.insert({name:"gyw",mobile:"12345678901",email:"xxx@163.com"})
```

查询看是否插入成功，如下所示。

```
> db.customer.find()
{
 "_id" : ObjectId("528c67f5c95c154966513547"), "name" : "gyw", "mobile" : "1234
 5678901", "email" : xxx@163.com
}
```

这里有几点需要说明。

1. 第一次插入数据时，不需要预先创建一个集合（customer），插入数据时会自动创建。

2. 每次插入数据时如果没有显示的指定字段"_id"，则会默认创建一个主键"_id"。在关系数据库中主键大多数是数值类型，且是自动增长的序列。而 MongoDB 中的主键值类型则为 ObjectId 类型，这样设计的好处是能更好的支持分布式存储。其中 ObjectId 类型的值由 12 个字节组成，前面 4 个字节表示的是一个时间截，精确到秒，紧接着的 3 个字节表示的是机器唯一标示，接着 2 个字节表示的进程 id，最后 3 个字节是一个随机的计数器。

3. 在 MongoDB 中，每一个集合都必须有一个"_id"字段，不管是自动生成的还是指定的，值都必须唯一，如果插入重复值将会抛出异常。下面是一个指定"_id"插入的例子。

```
> db.customer.insert({"_id":1,name:"wjb",mobile:"12345678901",email:
"xxx@123.com"})
```

如果再次插入"_id":1 的记录，则会抛出如下错误。

```
E11000 duplicate key error index: eshop.customer.$_id_ dup key: { : 1.0 }
```

很明显提示主键值重复了。

4.2 修改语句

与关系数据库类似，修改也是由 update 来完成的，只是 monogDB 中的 update 有一些可选参数。总体里说修改分为两种，一种是只针对具体的目标字段，其他不变；另一种是取代性的更改，即修改具体目标字段后，其他的字段会被删除。update 语法格式如下。

```
db.collection.update(query, update, <upsert>, <multi>)
```

query 参数是一个查询选择器，值类型为 document。

update 参数为需要修改的地方，值类型为 document，如果 update 参数只包含字段选项，没有操作符，则会发生取代性的更改。

upsert 为一个可选参数，boolen 类型，默认值为 false。当值为 true 时，update 方法将更新匹配到的记录，如果找不到匹配的文档，则将插入一个新的文档到集合中。

multi 为一个可选参数，boolean 类型，表示是否更新匹配到的多个文档，默认值为 false，此时 update 方法只会更新匹配到的第一个文档；当为 true 时，update 方法将更新所有匹配到的文档。

下面通过一些例子来使用 update 语句。

1. 更改指定的字段值。

```
> db.goods.update({name:"apple"},{$set:{name:"apple5s"},$inc:{price:
4000}})
```

这个操作将更改集合中与 name:"apple"匹配的第一个文档，将其中的字段 name 设为"apple5s"，字段 price 增加 4000，其他字段保持不变。

2. 更改指定字段而其他字段被清除掉。

```
> db.goods.update({name:"htc"},{name:"htc one"})
```

这个操作将更改集合中与 name:"htc"匹配的第一个文档，将其中的字段 name 设为"htc one"，文档中除了主键_id 字段外，其他字段都被清除。

3. 更改多个文档中的指定字段。

```
> db.goods.update({name:"surface"},{$set:{price:6999}},{multi:true})
```

由于利用了可选参数 multi，这个操作将更改集合中与 name:" surface "匹配的所有文档，将其中的字段 price 设为 6999，其他字段不变。

4. update 找不到匹配的文档时则插入新文档。

```
>db.goods.update({name:"iphone"},{$set:{price:5999}},{upsert:true})
```

因为利用了可选参数 upsert，这个操作如果找不到匹配的文档，就会插入一个新的文档。

4.3 删除语句

MongoDB 中的删除操作 remove 也是数据库 CRUD 操作中最基本的一种，与关系数据库中的 delete 类似，remove 方法的格式如下。

```
>db.collection.remove( <query>, <justOne> )
```

参数 query 为可选参数，查询选择器，类似关系数据库中 where 条件语句。

justOne 参数也是可选参数，是一个 boolean 类型的值，表示是否只删除匹配的第一个文档，相当于关系数据库中的 limit 1 条件。

有一点要注意：如果 remove 没有指定任何参数，它将删除集合中的所有文档，但是不会删除集合对应的索引数据。如果想删除集合中的所有文档，同时也删除集合的索引，我们可以使用 MongoDB 针对集合提供的 drop 方法。下面看几个例子。

1. 删除匹配的所有文档。

```
> db.goods.remove({name:"htc "})
```

2. 删除匹配的第一个文档。

```
> db.goods.remove({name:"huawei"},1)
```

3. 删除所有文档，但不会删除索引。

```
> db.goods.remove()
```

当利用 remove 删除一个文档后，文档对象也会从磁盘上相应的数据文件中删去。

4.4 锁机制

结合第 2 章的读操作，我们有必要介绍一下 MongoDB 中的锁机制。与关系数据一样，

MongoDB 也是通过锁机制来保证数据的完整性和一致性，MongoDB 利用读写锁来支持并发操作，读锁可以共享，写锁具有排它性。当一个读锁存在时，其他读操作也可以用这个读锁；但是当一个写锁存在时，其他任何读写操作都不能共享这把锁，当一个读和写都等待一个锁时，MongoDB 将优先分配锁给写操作。

从版本 2.2 开始，MongoDB 在每一个数据库上实现锁的粒度，当然对于某些极少数的操作，在实例上的全局锁仍然存在，锁粒度的降低能够提高系统的并发性。成熟的关系数据库锁的粒度更低，它可以在表中的某一行上，即"行级锁"。常见的操作和产生的锁类型如下：查询产生读锁、增删改产生写锁、默认情况下在前台创建索引会产生写锁、聚集 aggregate 操作产生读锁等。

4.5 小结

本章介绍了 MongoDB 数据库中最常用的 3 种操作，即插入操作，修改操作和删除操作，对每一种操作给出了详尽的实例参考，类似于关系数据库中的 SQL 语句编写。本章最后也介绍了 MongoDB 的锁机制，包括锁的粒度和各种数据库操作产生的不同锁类型。

第二部分　深入理解 MongoDB

这一部分介绍的内容对深入理解 MongoDB 很有帮助，如果能完全掌握这部分内容，对整个 MongoDB 数据库的设计有很大帮助，同时对于日常运维中的监控以及遇到各种疑难问题都能快速地定位问题，找到方法解决。

第 5 章　本章介绍了 Journaling 日志功能，对 MongoDB 的读写操作所发生的所有动作都将透彻分析。这个日志相当于关系数据库中的事物日志或 redo 日志，保证了数据的完整性和一致性。

第 6 章　本章将介绍 3 种聚集分析，针对不同的数据处理需求灵活选择对应的分析方法，这部分的内容对大数据分析有借鉴意义。

第 7 章　本章全面介绍了 MongoDB 的复制集功能，它能实现数据库的故障自动转移、数据的同步备份，保证了系统的可靠性。

第 8 章　本章介绍了 MongoDB 的集群功能，它能实现海量数据的分布式存储，能够提高系统的吞吐量。

第 9 章　本章介绍了 MongoDB 所特有的分布式文件存储功能，我们利用它的二进制数据类型可以构造一个分布式文件系统。

第5章 Journaling日志功能

MongoDB的Journaling日志功能与常见的log日志是不一样的。MongoDB也有log日志，它只是简单记录了数据库在服务器上的启动信息，慢查询记录，数据库异常信息，客户端与数据库服务器连接、断开等信息。Journaling日志功能则是MongoDB里面非常重要的一个功能，它保证了数据库服务器在意外断电、自然灾害等情况下数据的完整性。尽管MongoDB还提供了其他的复制集等备份措施（后面会分析），但Journaling的功能在生产环境中是不可缺少的，它依靠了较小的CPU和内存消耗，带来的是数据库的持久性和稳定性。本篇章将分析Journaling涉及的功能细节问题和Journaling的工作流程。

5.1 两个重要的存储视图

Journaling功能用到了两个重要的内存视图：private view和shared view。这两个内存视图都是通过MMAP（内存映射）来实现的，其中对private view的映射的内存修改不会影响到磁盘上；shared view中数据的变化会影响到磁盘上的文件，系统会周期性地刷新shared view中的数据到磁盘。

shared view在MongoDB启动的过程中，操作系统会将磁盘上的数据文件映射到内存中的shared view。操作系统只是完成映射，并没有立即加载数据到内存，MongoDB会根据需要加载数据到shared view。

private view内存视图是为读操作保存数据的位置，是MongoDB保存新的写操作的第一个地方。

磁盘上的Journaling日志文件是实现写操作持久化保存的地方，MongoDB实例启动时会读这个文件。

5.2 Journaling 工作原理

当 mongod 进程启动后，首先将数据文件映射到 shared 视图中，假如数据文件的大小为 4000 个字节，它会将此大小的数据文件映射到内存中，地址可能为 1000000～1004000。如果直接读取地址为 1000060 的内存，我们将得到数据文件中第 60 个字节处的内容。有一点要注意，这里只是完成了数据文件的内存映射，并不是将全部文件加载到内存中，只有读取到某个地址时才会将相应的文件内容加载到内存中，相当于按需加载，如图 5-1 所示。

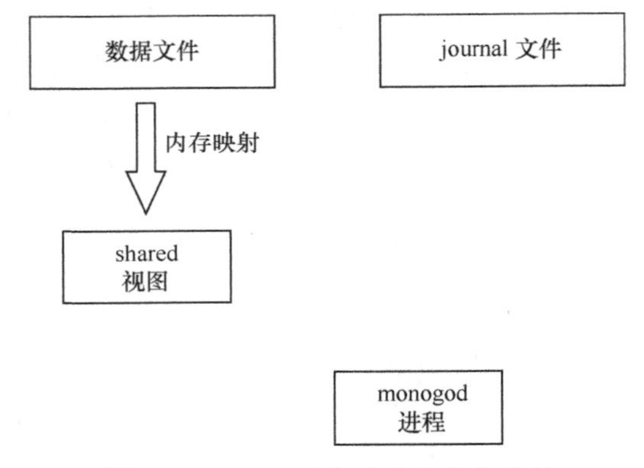

图 5–1　mongod 启动时的内存映射

当写操作或修改操作发生时，进程首先会修改内存中的数据，此时磁盘上的文件数据就与内存中的数据不一致了。如果 mongod 启动时没有打开 Journaling 功能，操作系统将每 60 秒刷新 shared 视图对应的内存中变化的数据并将它写到磁盘上。如果打开了 Journaling 日志功能，mongod 将额外产生一个 private 视图，MongoDB 会将 private 视图与 shared 视图同步，如图 5-2 所示。

当写操作发生时，MongoDB 首先将数据写到内存中的 private 视图处，注意 private 视图并没有直接与磁盘上的文件连接，因此此时操作系统不会将变化刷新到磁盘上，如图 5-3 所示。

然后 MongoDB 将写操作批量复制到 journal，journal 会将写操作存储到磁盘上的文件上，使其持久化保存，journal 日志文件上的每一个条目都描述了写操作更改了数据文件上的哪些字节，如图 5-4 所示。

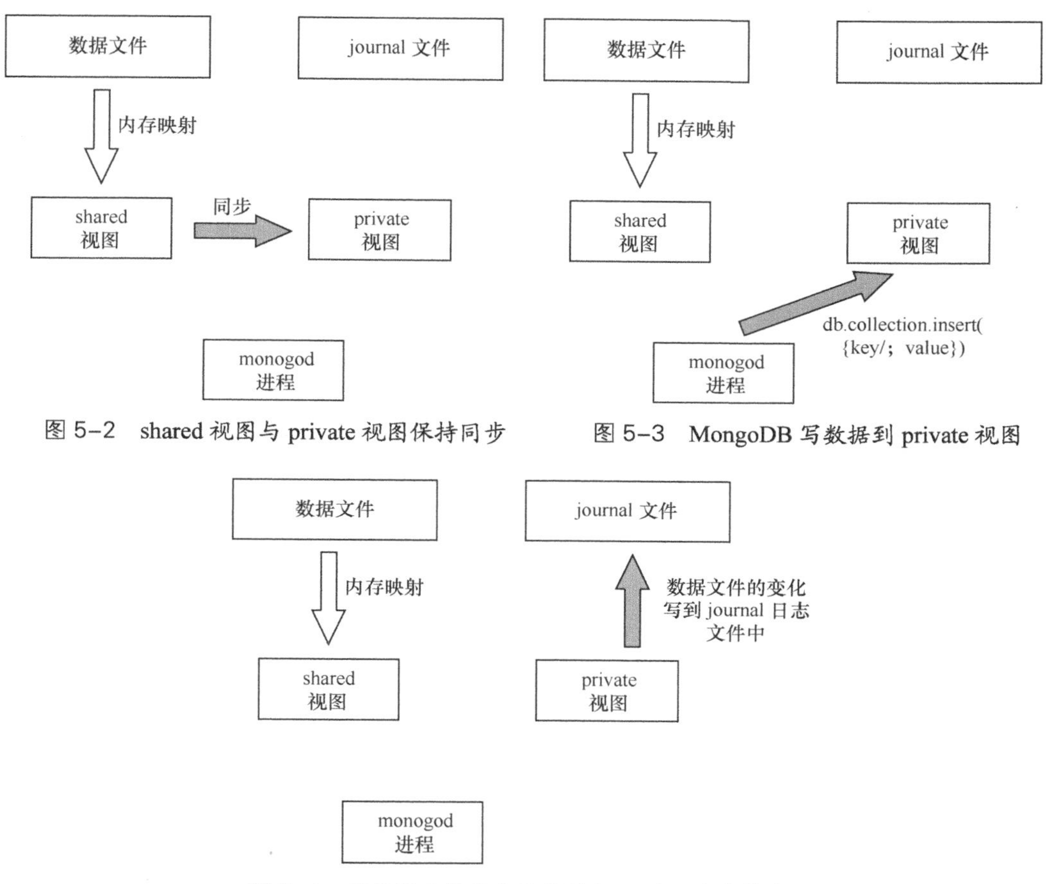

图 5–2 shared 视图与 private 视图保持同步

图 5–3 MongoDB 写数据到 private 视图

图 5–4 将数据文件的变化写到 journal 日志文件中

由于数据文件的变化（如在哪个位置数据变成了什么）被持久化到了 journal 日志文件中，即使此时 MongoDB 服务器崩溃了，写操作也是安全的。因为当数据库重新启动时，会先读 journal 日志文件，将写操作引起的变化重新同步到数据文件中去。我们通过下面的启动日志也可以看到这个动作，日志截图如图 5-5 所示。

当上面的步骤完成后，接下来 MongoDB 会利用 journal 日志中的写操作记录引起的数据文件变化来更新 shared 视图中的数据，如图 5-6 所示。

当所有的变化操作都更新到 shared 视图中后，MongoDB 将重新利用 shared 视图来映射 private 视图，防止 private 视图变得“太脏”，使其占用的内存空间恢复到初始值，约为 0。此时 shared 视图内存中的数据与磁盘上的数据变得不一致。按照默认值 60 秒，

MongoDB 会周期性地要求操作系统将 shared 视图中变化的数据刷新到磁盘上，使磁盘上的数据与内存中的数据保持一致，如图 5-7 所示。

```
[initandlisten] db version v2.6.3
[initandlisten] git version: 255f67a66f9603c59380b2a389e386910bbb52cb
[initandlisten] build info: windows sys.getwindowsversion(major=6, minor=1, build=7601, platform=2, service_pack='Service Pack 1') BO
[initandlisten] allocator: system
[initandlisten] options: { config: "D:\worksoft\mongodb-win32-i386-2.6.3\test_single_instance\123.conf", net: { port: 50000 }, securi
[initandlisten] journal dir=D:\worksoft\mongodb-win32-i386-2.6.3\test_single_instance\data\journal
[initandlisten] recover begin
[initandlisten] recover lsn: 238391
[initandlisten] recover D:\worksoft\mongodb-win32-i386-2.6.3\test_single_instance\data\journal\j._1
[initandlisten] recover create file D:\worksoft\mongodb-win32-i386-2.6.3\test_single_instance\data\haoyf.ns 16MB
[initandlisten] recover create file D:\worksoft\mongodb-win32-i386-2.6.3\test_single_instance\data\haoyf.0 64MB
[initandlisten] recover cleaning up
[initandlisten] removeJournalFiles
[initandlisten] recover done
[initandlisten] waiting for connections on port 50000
[initandlisten] connection accepted from 127.0.0.1:54152 #1 (1 connection now open)
[conn1]  authenticate db: admin { authenticate: 1, nonce: "xxx", user: "gyw", key: "xxx" }
```

图 5-5　mongod 启动时利用 journal 日志进行恢复处理

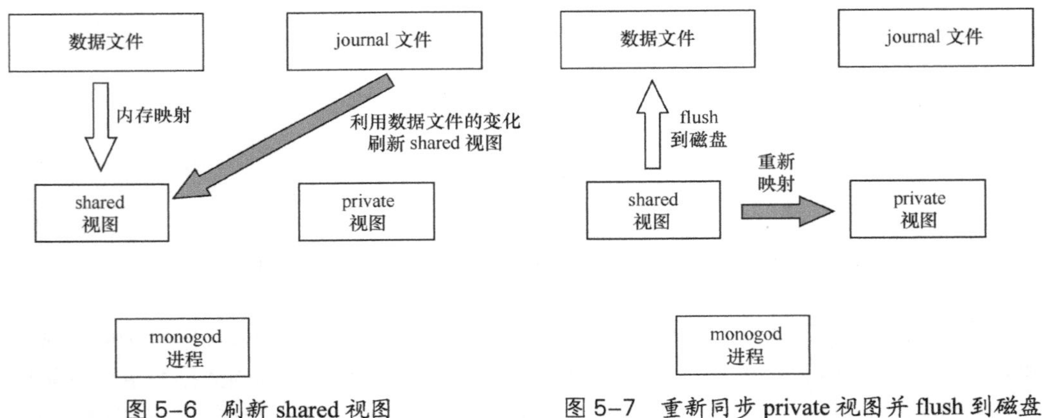

图 5-6　刷新 shared 视图　　　图 5-7　重新同步 private 视图并 flush 到磁盘

当执行完刷新内存中变化的数据到磁盘后，MongoDB 会删除掉 journal 中这个时间点后面的所有写操作，这一点与关系数据库中的 checkpoint 类似。

MongoDB 的 Journaling 日志功能，在 2.0 版本后是默认启动的，可以在实例 mongod 启动时通过启动选项控制；上面提到的步骤中，有一个地方是将写操作周期性批量写到 journal 日志文件中，这个周期的大小是通过可选启动参数 journalCommitInterval 来控制的，默认值是 100ms。MongoDB 经过 60s 的周期刷新内存中变化的数据到磁盘，这个值是通过启动可选参数 syncdelay 来控制的。这些默认值一般适用于大多数情况，不要轻易更改。通过上面的分析，数据库服务器仍然有 100ms 的丢失数据的风险，因为 Journaling 日志写到磁盘上的周期是 100ms，假如刚好一批写操作还在内存中，还没来得及刷新到 Journaling 在磁盘上对应的文件上，服务器突然故障，这些在内存中的写操作就会丢失。

MongoDB 在启动时，专门初始化一个线程不断循环，用于在一定时间周期内将从 defer 队列中获取要持久化的数据写入到磁盘的 journal（日志）和 mongofile（数据）处。当然因为它不是在用户添加记录时就写到磁盘上，所以从 MongoDB 开发来说，它不会造成性能上的损耗，因为看过代码发现，当进行 CUD 操作时，记录（Record 类型）都被放入到 defer 队列中以供延时批量（group commit）提交写入。

5.3 小结

Journaling 是 MongoDB 中非常重要的一项功能，类似于关系数据库中的事务日志。Journaling 能够使数据库由于其他意外原因故障后快速恢复。从 MongoDB 版本 2.0 以后，启动 mongd 实例时这项功能就自动打开了，数据库实例每次启动时都会检查磁盘上 journal 文件看是否需要恢复。尽管 Journaling 对写操作会有一些性能方面的影响，但对读操作没有任何影响，在生产环境中开启它是很有必要的。MongoDB 的复制集功能通过冗余数据保护数据的安全，但 Journaling 更是通过日志的方式保证数据库的一致性，两者的关注点不一样。

第 6 章 聚集分析

聚集操作是对数据进行分析的有效手段。MongoDB 主要提供了三种对数据进行分析计算的方式：管道模式聚集分析、MapReduce 聚集分析、简单函数和命令的聚集分析。

6.1 管道模式进行聚集

这里所说的管道类似于 UNIX 上的管道命令。数据通过一个多步骤的管道，每个步骤都会对数据进行处理，最后返回需要的结果集。管道提供了高效的数据分析流程，是 MongoDB 中首选的数据分析方法。一个典型的管道操作流程如图 6-1 所示。

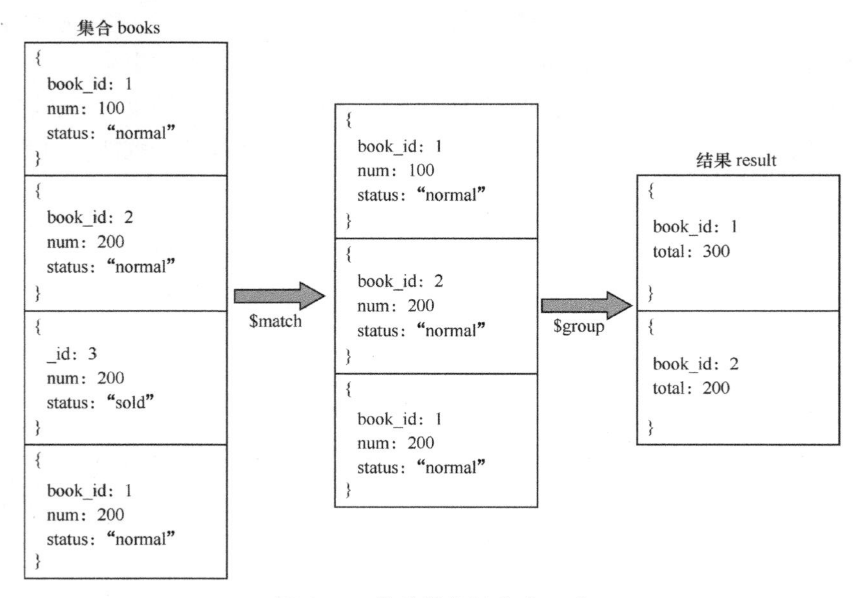

图 6–1　管道聚集操作流程图

图 6-1 对应的操作语句如下。

```
db.books.aggregate(
                    [
                     {
                        $match: { status: "normal"}
                     },
                     {
                        $group: {_id: "$book_id", total:{ $sum: "$num"}}
                     }
                   ]
               )
```

数据依次通过数组中的各管道操作符进行处理，常用的管道操作符有以下几个。

$match：过滤文档，只传递匹配的文档到管道中的下一个步骤。

$limit：限制管道中文档的数量。

$skip：跳过指定数量的文档，返回剩下的文档。

$sort：对所有输入的文档进行排序。

$group：对所有文档进行分组然后计算聚集结果。

$out：将管道中的文档输出到一个具体的集合中，这个必须是管道操作中的最后一步。

与$group 操作一起使用的计算聚集值的操作符有以下几个。

$first：返回 group 操作后的第一值。

$first：返回 group 操作后的最后一个值。

$max：返回 group 操作后的最大值。

$min：返回 group 操作后的最小值。

$avg：返回 group 操作后的平均值。

$sum：返回 group 操作后所有值的和。

常用的关系数据库中的 SQL 语句与 MongoDB 聚集操作语句比较如表 6-1 所示。

表 6-1　常用 SQL 语句与 MongoDB 语句对比

SQL 语句	MongoDB 聚集操作语句

Select count(*) as count
from books
	db.books.aggregate([
	{
	$group:{_id:null,count:{$sum:1}}
	}
	])

续表➤➤

SQL 语句	MongoDB 聚集操作语句

Select sum(num) as total
from books
	db.books.aggregate([
	{
	$group:{_id:null, total:{$sum:”$num”}}
	}
	])

Select book_id, sum(num) as total
from books
group by book_id
	db.books.aggregate([
	{
	$group:{_id:”$book_id”, total:{$sum:”$num”}}
	}
	])

Select book_id, status, sum(num) as total
from books
group by book_id,status
	db.books.aggregate([
	{
	$group:{
	_id:{book_id:”$book_id”, status:”status”},
	total:{$sum:”$num”}}
	}
	])

Select book_id count(*) from books
group by book_id
having count(*) >1
	db.books.aggregate([
	{
	$group:{
	_id:”$book_id”,
	count:{$sum:1}}
	},
	{$match:{count:{$gt:1}}}
	])

6.2 MapReduce 模式聚集

MongoDB 也提供了当前流行的 MapReduce 的并行编程模型，为海量数据的查询分析提供了一种更加高效的方法，用 MongoDB 做分布式存储，然后再用 MapReduce 来做分析。典型 MapReduce 流程如图 6-2 所示。

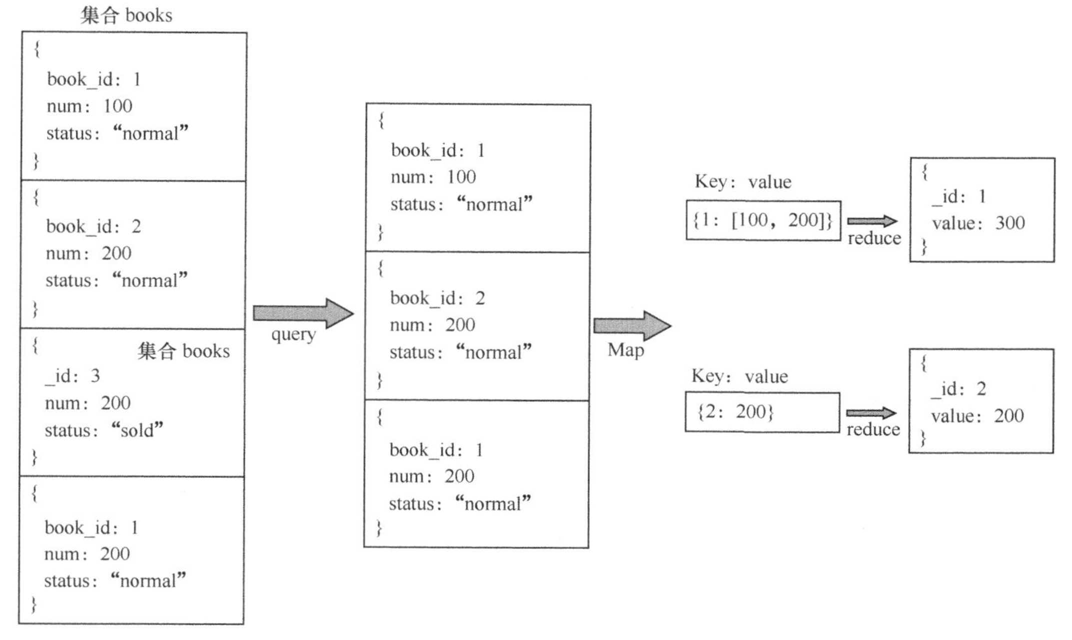

图 6-2 MapReduce 操作流程图

典型代码如下所示。

```
db.books.mapReduce (
                function()
                {
                  emit ( this.boo_id,this.num) ;
                },
                function(key, values)
                {
                 return Array.sum( values )
                },
                {
                  query: { status: "normal" },
                  outresult: "books_totals"
                }
            )
```

上面的需求实际上是要统计出每种类型的书可以销售的总数。

在传统关系数据库上 SQL 语句如下所示。

```
select sum(num) as value, book_id as _id
```

```
      from books where status = "normal"group by book_id;
```

接下来我们看看 MapReduce 方式如何解决这种问题，首先定义了一个 map 函数，如下所示。

```
function()
{
 emit ( this.boo_id,this.num) ;
}
```

接着定义 reduce 函数，如下所示。

```
function(key, values)
{
  return Array.sum( values )
}
```

最后在集合上执行 MapReduce 函数，如下所示。

```
>db.books.mapReduce (
                function()
                {
                  emit ( this.boo_id,this.num) ;
                },
                function(key, values)
                 {
                  return Array.sum( values )
                },
                {
                  query: { status: "normal" },
                  outresult: "books_totals"
                }
              )
```

这里有一个查询过滤条件 query: { status: "normal" }，返回状态为 normal 的值，同时定义了保存结果的集合名，最后的输出结果将保存在集合 books_totals 中，执行以下命令可以看到结果。

```
> db.books_totals.find()
{ "_id" : 1, "value" : 300 }
{ "_id" : 2, "value" : 200 }
```

这里的 map、reduce 函数都是利用 JavaScript 编写的函数，其中 map 函数的关键部分是 emit(key, value)函数，此函数的调用使集合中的 document 对象按照 key 值生成一个 value，形成一个键值对。其中 key 可以单一 filed，也可以由多个 filed 组成，MongoDB 会按照 key

生成对应的 value 值，value 为一个数组。

reduce 函数的定义中有参数 key 和 value，其中 key 就是上面 map 函数中指定的 key 值，value 就是对应 key 对应的值，Array.sum(value)这里是对数组中的值求和，按照不同的业务需要，我们可以编写自己的 javascript 函数来处理。

6.3 简单聚集函数

管道模式和 MapReduce 模式都是重型武器，基本上可以解决数据分析中的所有问题，但有时在数据量不是很大的情况下，直接调用基于集合的函数会更简单，常用的简单聚集函数有以下几种。

1. distinct 函数，用于返回不重复的记录，返回值是数组，函数原型如下。

```
db.orders.distinct( key,<query>)
```

第一个参数为 filed，第二个参数为查询选择器，返回值不能大于系统规定的单个文档的最大值，如图 6-3 所示。

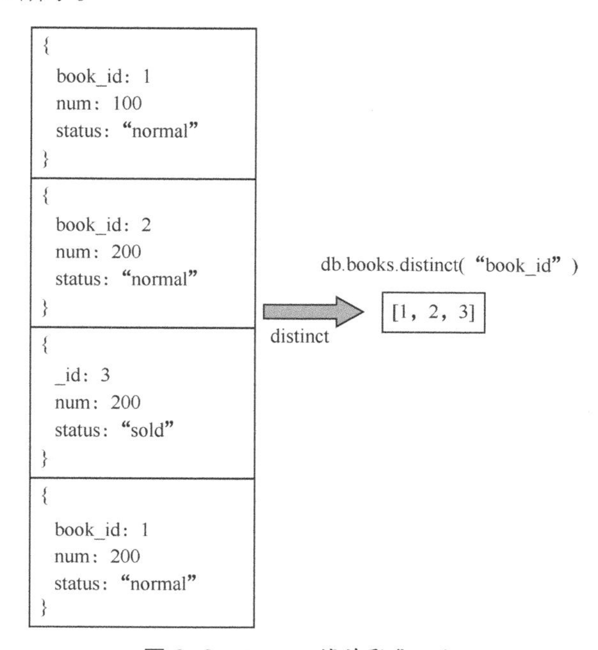

图 6-3 distinct 简单聚集函数

2. count 函数，用于统计查询返回的记录总数，函数原型如下。

```
db.collection.find(<query>).count()
```

执行如下命令。

```
> db.goods.find().count()
```

统计集合 goods 中的商品总数为 99。

3. group 函数与 distinct 一样，返回的结果集不能大于 16MB，不能在分片集群上进行操作且 group 不能处理超过 10000 个唯一键值。如果我们的聚集操作超过了这个限制，只有使用上面介绍的管道聚集或 MapReduce 方案。

group 的函数原型如下。

```
db.collection.group( { key : ..., initial: ..., reduce : ...[,
cond: ...] } )
```

我们假设有如下结构的文档集合。

```
{ "_id" : 1, "value" : 100 }
{ "_id" : 4, "value" : 200 }
{ "_id" : 2, "value" : 200 }
{ "_id" : 1, "value" : 500 }
{ "_id" : 2, "value" : 100 }
```

如果需要统计_id 小于 3，按照_id 分组求 value 值的和，执行如下命令即可。

```
db.books.group(
              {
               key: { _id: 1 },
               cond: { _id: { $lt: 3 } },
               reduce: function(cur, result)
                      {
                       result.count += cur.count
                      },
               initial: { count: 0 }
              }
            )
```

得到的结果如下所示。

```
[
  { _id: 1, count: 600},
  { _id: 2, count: 300}
]
```

6.4 小结

MongoDB 的聚集操作是为大数据分析准备的，尤其是 MapReduce 可以在分片集群上进行操作。MongoDB 既提供了简单的类似于关系数据库中的聚集函数，2.1 版本后又提供了增强版的聚集框架，以满足一般的统计分析应用。

MapReduce 是一种编程模型，最早有 Google 提出，MongoDB 也在这方面不断地完善、改进，提高其性能，使之成为处理大规模数据集（大于 1TB）的利器。Map（映射）和 Reduce（归约），和它们的主要思想，都是从函数式编程语言里借来的，还有从矢量编程语言里借来的特性，它极大地方便了编程人员，使他们在不会分布式并行编程的情况下可以将自己的程序运行在分布式系统上。当前的软件实现是指定一个 Map（映射）函数，用来把一组键值对映射成一组新的键值对，指定并发的 Reduce（归约）函数，用来保证所有映射的键值对中的每一个共享相同的键组。

第 7 章 复制集

复制集 Replica Sets 与第 8 章要介绍的分片 Sharding 是 MongoDB 最具特色的功能，其中复制集实现了数据库的冗余备份、故障转移，这两大功能应该是所有数据库管理人员追求的目标；分片实现了数据的分布式存储、负载均衡，这些都是海量数据的云存储平台不可或缺的功能，下面我们先从复制集介绍。

7.1 复制集概述

数据库总是会遇到各种失败的场景，如网络连接断开、断电等。尽管 Journaling 日志功能也提供了数据恢复的功能，但它通常是针对单个节点来说的，只能保证单节点数据的一致性。而复制集通常是由多个节点组成，每个节点除了 Journaling 日志恢复功能外，整个复制集还具有故障自动转移的功能，这样能保证数据库的高可用性。在生产环境中一个复制集最少应该包含三个节点，其中有一个必须是主节点，典型的部署结构如图 7-1 所示。

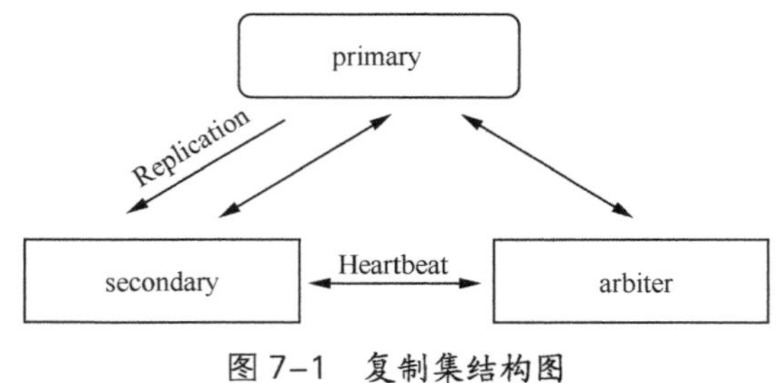

图 7–1　复制集结构图

每个节点都是一个 mongod 进程对应的实例，节点之间互相周期性地通过心跳检查对方的状态。默认情况下 primary 节点负责数据的读、写，second 节点备份 primary 节点上的数据，但是 arbiter 节点不会从 primary 节点同步数据。从它的名字 arbiter 可以看出，它起到的作用只是当 primary 节点故障时，能够参与到复制集剩下的节点中，选择出一个新的 primary 节点，它自已永远不会变为 primary 节点，也不会参与数据的读写。也就是说，数据库的数据会存在 primary 和 second 节点中，second 节点相当于一个备份。当然 second 节点可以有多个，当 primary 节点故障时，second 节点有可能变为 primary 节点，典型流程如图 7-2 所示。

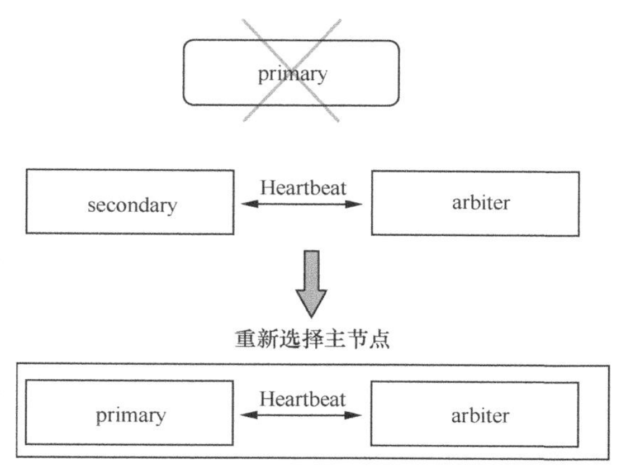

图 7-2 故障转移流程图

下面我们就配置一个这样的复制集，后面很多操作都会依赖于这个复制集。

1. 创建复制集中每个节点存放数据的目录。

```
E:\MongoDB-win32-i386-2.6.3\db_rs0\data\rs0_0
E:\MongoDB-win32-i386-2.6.3\db_rs0\data\rs0_1
E:\MongoDB-win32-i386-2.6.3\db_rs0\data\rs0_2
```

2. 创建复制集中每个节点的日志文件。

```
E:\MongoDB-win32-i386-2.6.3\db_rs0\logs\rs0_0.log
E:\MongoDB-win32-i386-2.6.3\db_rs0\logs\rs0_1.log
E:\MongoDB-win32-i386-2.6.3\db_rs0\logs\rs0_2.log
```

3. 创建复制集中的每个节点启动时所需的配置文件。

第一个节点配置文件为：E:\MongoDB-win32-i386-2.6.3\configs_rs0\rs0_0.conf，内容如下所示。

```
dbpath = E:\MongoDB-win32-i386-2.6.3\db_rs0\data\rs0_0
logpath = E:\MongoDB-win32-i386-2.6.3\db_rs0\logs\rs0_0.log
journal = true
port = 40000
```

```
replSet = rs0
```

文件中 dbpath 指向数据库数据文件存放的路径（在第 1 步中已创建好），logpath 指向数据库的日志文件路径（第 2 步中已创建好），journal 表示对于此 mongod 实例是否启动日志功能，port 为实例监听的端口号，rs0 为实例所在的复制集名称，更多参数的意思可以参考 MongoDB 手册。

第二个节点配置文件为：E:\MongoDB-win32-i386-2.6.3\configs_rs0\rs0_1.conf，内容如下所示。

```
dbpath = E:\MongoDB-win32-i386-2.6.3\db_rs0\data\rs0_1
logpath = E:\MongoDB-win32-i386-2.6.3\db_rs0\logs\rs0_1.log
journal = true
port = 40001
replSet = rs0
```

第三个节点配置文件为：E:\MongoDB-win32-i386-2.6.3\configs_rs0\rs0_2.conf，内容如下所示。

```
dbpath = E:\MongoDB-win32-i386-2.6.3\db_rs0\data\rs0_2
logpath = E:\MongoDB-win32-i386-2.6.3\db_rs0\logs\rs0_2.log
journal = true
port = 40002
replSet = rs0
```

4. 启动上面三个节点对应的 MongoDB 实例。

```
mongod-config E:\MongoDB-win32-i386-2.6.3\configs_rs0\rs0_0.conf
mongod-config E:\MongoDB-win32-i386-2.6.3\configs_rs0\rs0_1.conf
mongod-config E:\MongoDB-win32-i386-2.6.3\configs_rs0\rs0_2.conf
```

我们观察一下每个实例的启动日志，日志中都有如下内容。

```
[rsStart] replSet can't get local.system.replset config from self or any seed (EMPTYCONFIG)
[rsStart] replSet info you may need to run replSetInitiate -- rs.initiate() in the shell -- if that is not already done
```

上面日志说明虽然已经成功启动了 3 个实例，但是复制集还没配置好，复制集的信息会保存在每个 mongod 实例上的 local 数据库中，即 local.system.replset 上。按照图 7-1 所描述的那样，我们应该通过配置确定哪个节点为 primary、哪个为 second、哪个为 arbiter。下面开始配置复制集。

5. 启动一个 mongo 客户端，连接到上面的一个 mongod 实例。

```
>mongo --port 40000
```

我们来运行以下命令初始化复制集。

```
> rs.initiate()
{
"info2" : "no configuration explicitly specified -- making one",
"me" : "Guo:40000",
"info" : "Config now saved locally. Should come online in about a min e.",
"ok" : 1
}
```

这个时候的复制集还只有刚才这个初始化的成员，通过如下命令查看到。

```
> rs.conf()
{
"_id" : "rs0",
"version" : 1,
"members" : [
{
"_id" : 0,
"host" : "Guo:40000"
}
]
}
```

按照 MongoDB 的默认设置，刚才执行初始化命令的这个 mongod 实例将成为复制集中的 primary 节点。

6. 接下来在复制集中添加图 7-1 中的 second 节点和 arbiter 节点，继续在上面的 mongod 实例上执行如下命令。

```
rs0:PRIMARY> rs.add("Guo:40001")
{ "ok" : 1 }
rs0:PRIMARY> rs.addArb("Guo:40002")
{ "ok" : 1 }
```

注意此时命令的前缀已变为 rs0:PRIMARY，说明当前执行命令的机器是复制集中 primary 机器，上面的命令通过 rs.add()添加一个默认的 second 节点，rs.addArb()添加一个默认的 arbiter 节点，命令成功执行后，就会生成图 7-1 所示那样的一个复制集。

7. 观察整个复制集的状态信息，几个重要参数我们会在后面说明。

```
rs0:PRIMARY> rs.status()
{
"set" : "rs0",//复制集的名称
"date" : ISODate("2013-08-18T09:03:49Z"),
"myState" : 1, //当前节点成员在复制集中的位置，如 1 表示 primary，2 表示 secondry
```

```
"members" : [//复制集的所有成员信息
{
"_id" : 0, //成员编号
"name" : "Guo:40000",//成员所在的服务器名称
"health" : 1,//成员在复制集中是否运行，1 表示运行，0 失败
"state" : 1,//成员在复制集中的状态，1 是 primary
"stateStr" : "PRIMARY",//成员在复制集中的状态名称
"uptime" : 2186,//成员的在线时间，单位是秒
"optime" : {//这个是用来进行同步用的，后面重点分析
"t" : 1376816431,
"i" : 1
},
"optimeDate" : ISODate("2013-08-18T09:00:31Z"),
"self" : true //成员为当前命令所在的服务器
},
{
"_id" : 1,
"name" : "Guo:40001",
"health" : 1, ,//成员在复制集中是否运行，1 表示运行
"state" : 2 ,//成员在复制集中的状态，2 是 secondary
"stateStr" : "SECONDARY",
"uptime" : 306,
"optime" : {
"t" : 1376816431,
"i" : 1
},
"optimeDate" : ISODate("2013-08-18T09:00:31Z"),
"lastHeartbeat" : ISODate("2013-08-18T09:03:47Z"),
"lastHeartbeatRecv" : ISODate("2013-08-18T09:03:47Z"),
"pingMs" : 0,//此远端成员到本实例间一个路由包的来回时间
"syncingTo" : "Guo:40000"//此成员需要从哪个实例同步数据
},
{
"_id" : 2,
"name" : "Guo:40002",
"health" : 1,
"state" : 7, //成员在复制集中的状态位置，7 是 arbiter
```

```
"stateStr" : "ARBITER",
"uptime" : 198,
"lastHeartbeat" : ISODate("2013-08-18T09:03:49Z"),
"lastHeartbeatRecv" : ISODate("1970-01-01T00:00:00Z"),
"pingMs" : 0,//此远端成员到本实例间一个路由包的来回时间
}
],
"ok" : 1
}
```

上面复制集状态信息的输出是基于 primary 实例的，也可以在 secondary 实例上输出复制集的状态信息，包含的字段与上面大致相同。上面的输出有些地方还需进一步解释，如在 arbiter 成员节点上没有字段 syncingTo，说明它不需要从 primary 节点上同步数据，因为它只是一个当主节点发生故障时、在复制集剩下的 secondary 节点中选择一个新 priamry 节点的仲裁者，因此运行此实例的机器不需要太多的存储空间。

上面输出的字段中还有几个时间相关的字段，如"date"表示当前实例所在服务器的时间，"lastHeartbeat"表示当前实例到此远端成员最近一次成功发送与接收心跳包的时间，通过比较这个两个时间我们可以判断当前实例与此成员相差的时间间隔。比如某个成员宕机了，本实例发像此宕机成员的心跳包就不会被成功接收，随着时间推移，本实例的 data 字段值与此成员上的 lastHeartbeat 差值就会逐渐增加。

上面还有一个 optime 字段，这个字段的值说明了本实例最近一次更改数据库的时间"t" : 1376816431 以及每秒执行的操作数据库的次数"i" : 1。此字段的值实际上是从本实例上的 local 数据库中的 oplog.rs 集合上读取的，这个集合还详细记录了具体是什么操作，如插入语句、修改语句等。复制集中的每一个实例都会有一个这样的数据库和集合，如果复制集运行正常，理论上来说，每一个 mongod 实例上此集合中的记录应该相同。实际上 MongoDB 也是根据此集合来实现复制集中 primary 节点与 secondary 节点间的数据同步。

7.2 复制集工作机制

7.2.1 数据同步

7.1 节概述了复制集，我们整体上对复制集有了个概念，但是复制集最重要的功能——自动故障转移是怎么实现的？复制集又是怎样实现数据同步的呢？带着这两个问题，我

们下面展开分析。

我们先利用 mongo 客户端登录到复制集的 primary 节点上。

```
>mongo --port 40000
```

查看实例上所有数据库。

```
rs0:PRIMARY> show dbs
local 0.09375GB
```

我们可以看到只有一个 local 数据库，因为此时还没有在复制集上创建其他任何数据库，local 数据库为复制集所有成员节点上默认创建了一个数据库。在 primary 节点上查看 local 数据上的集合，如下所示。

```
rs0:PRIMARY> show collections
oplog.rs
slaves
startup_log
system.indexes
system.replset
```

如果是在 secondary 节点，则 local 数据库上的集合与上面有点不同，secondary 节点上没有 slaves 集合，因为这个集合保存的是需要从 primary 节点同步数据的 secondary 节点。secondary 节点上会有一个 me 集合，保存了实例本身所在的服务器名称；同时上面还有一个 minvalid 集合，用于保存对数据库的最新操作的时间截。其他集合 primary 节点和 secondary 节点都有，其中 startup_log 集合表示的是 mongod 实例每一次的启动信息；system.indexes 集合保存的是当前数据库（local）上的所有索引信息；system.replset 集合保存的是复制集的成员配置信息，复制集上的命令 rs.conf()实际上是从这个集合取的数据返回的。最后我们要介绍的集合是 oplog.rs，这个可是重中之重。

MongoDB 就是通过 oplog.rs 来实现复制集间数据同步的。为了分析数据的变化，我们先在复制集上的 primary 节点上创建一个数据库 students，然后插入一条记录。

```
rs0:PRIMARY> use students
switched to db students
rs0:PRIMARY>
db.scores.insert({"stuid":1,"subject":"math","score":99});
```

接着查看一下 primary 节点上 oplog.rs 集合的内容。

```
rs0:PRIMARY> use local
switched to db local
rs0:PRIMARY> db.oplog.rs.find();
```

返回记录中会多出一条下面这样的记录（里面还有几条记录是复制集初始化时创建的）。

```
{ "ts" : { "t" : 1376838296, "i" : 1 }, "h" : NumberLong ("6357586994520331181"),
"v" : 2, "op" : "i", "ns" : "students.scores", "o" : { "_id" : ObjectId("5210e2
98d7b419b44afa58cc"), "stuid" : 1, "subject" : "math", "score" : 99 } }
```

里面有几个重要字段，其中"ts"表示这条记录的时间截，"t"是秒数，"i"是每秒操作的次数；字段"op"表示的是操作码，值"i"表示的是 insert 操作；"ns"表示插入操作发生的命名空间，这里值为: "students.scores"，由数据库和集合名构成；"o"表示的是此插入操作包含的文档对象。

当 primary 节点完成插入操作后，secondary 节点为了保证数据的同步也会完成一些动作。所有 secondary 节点检查自己的 local 数据上 oplog.rs 集合，找出最近的一条记录的时间截；接着它会查询 primary 节点上的 oplog.rs 集合，找出所有大于此时间截的记录；最后它将这些找到的记录插入到自己的 oplog.rs 集合中并执行这些记录所代表的操作；完成这三步策略，就能保证 secondary 节点上的数据与 primary 节点上的数据同步了，整个流程如图 7-3 所示。

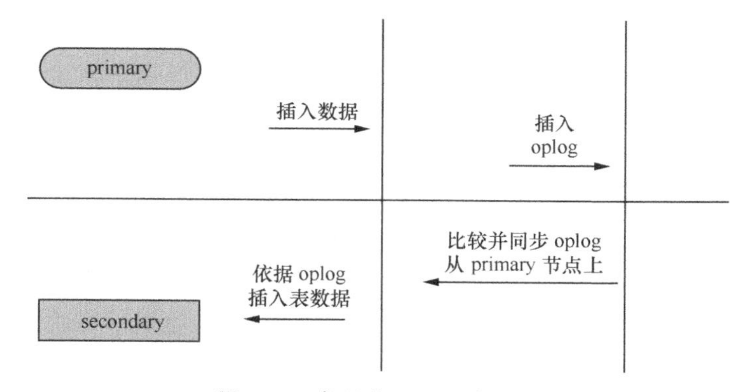

图 7-3　复制集数据同步流程

查看一下 secondary 节点上的数据，我们发现在 secondary 节点上新插入了一个数据库 students，这就实现了复制集间的数据同步，可以证明上面的分析是正确的。

```
rs0:SECONDARY> show dbs
local 0.09375GB
students 0.0625GB
```

但是有一点要注意，现在还不能在 secondary 节点上直接查询 students 集合上的内容，默认情况下 MongoDB 的所有读写操作都是在 primary 节点上完成的，后面我们也会介绍通过设置从 secondary 节点上来读，这将引入一个新的主题，即读写分离。

关于 oplog.rs 集合还有一个很重要的方面，那就是它的大小是固定的。MongoDB 这样设置也是有道理的，假如大小没限制，那么随着时间的推移，数据库上的操作会逐渐累积，oplog.rs 集合中保存的记录也会逐渐增多，这样会消耗大量的存储空间；同时对于某个时间点以前的操作记录，早已同步到 secondary 节点上，也没有必要一直保存这些记录。因此 MongoDB 将 oplog.rs 集合设置成一个 capped 类型的集合，实际上就是一个循环使用的缓冲区。

固定大小的 oplog.rs 会带来新的问题，我们考虑下面这种场景：假如一个 secondary 节点因为宕机，长时间不能恢复，而此时大量的写操作发生在 primary 节点上；当 secondary 节点恢复时，利用自己 oplog.rs 集合上最新的时间截去查找 primary 节点上的 oplog.rs 集合，会出现找不到任何记录。因为长时间不在线，primary 节点上的 oplog.rs 集合中的记录早已全部刷新了一遍，这样我们就不得不手动重新同步数据了。因此 oplog.rs 的大小很重要，在 32 位的系统上默认大小是 50MB，在 64 位的机器上默认是 5%的空闲磁盘空间大小，我们也可以在 mongod 启动命令中通过项--oplogSize 设置其大小。

7.2.2 故障转移

上面介绍的数据同步相当于传统数据库中的备份策略，MongoDB 在此基础还有自动故障转移的功能。在前面复制集概述中我们提到过心跳"lastHeartbeat"字段，MongoDB 就是靠它来实现自动故障转移的。mongod 实例每隔两秒就向其他成员发送一个心跳包并且通过 rs.staus()中返回的成员的"health"值来判断成员的状态。如果出现复制集中 primary 节点不可用了，那么复制集中所有 secondary 的节点就会触发一次选举操作，选出一个新的 primary 节点。如上所配置的复制集中如果 primary 节点宕机了，那么系统就会选举 secondary 节点成为 primary 节点。arbiter 节点只是参与选举其他成员成为 primary 节点，自己永远不会成为 primary 节点。如果 secondary 节点有多个则会选择拥有最新时间截的 oplog 记录或较高权限的节点成为 primary 节点。oplog 记录我们在前面复制集概述中已经描述过，关于复制集中节点权限配置的问题可在复制集启动的时候进行设置，也可以在启动后重新配置，这里先略过这一点，集中精力讨论故障转移。

如果是某个 secondary 节点失败了，只要复制集中还有其他 secondary 节点或 arbiter 节点存在，就不会发生重新选举 primary 节点的过程。

下面我们模拟两种失败场景：一是 secondary 节点的失败，然后过一段时间后重启（时间不能无限期，否则会导致 oplog.rs 集合严重滞后的问题，需要手动才能同步）；二是 primary 节点失败，故障转移发生。

当前复制集的配置情况如下所示。

1. rs0:PRIMARY> rs.conf()。

```
{
"_id" : "rs0",
"version" : 3,
"members" : [
{
"_id" : 0,
"host" : "Guo:40000" //primary 节点
},
{
"_id" : 1,
"host" : "Guo:40001" //secondary 节点
},
{
"_id" : 2,
"host" : "Guo:40002", //arbiter 节点
"arbiterOnly" : true
}
]
}
```

2. 通过 Kill 掉 secondary 节点所在的 mongod 实例，模拟第一种故障情况，如图 7-4 所示，通过 rs.status()命令查看复制集状态，secondary 节点状态信息如下。

```
"_id" : 1,
"name" : "Guo:40001",
"health" : 0,
"state" : 8, //表示成员已经 down 机
"stateStr" : "(not reachable/healthy)",
"uptime" : 0,
"optime" : {
"t" : 1376838296,
"i" : 1
},
"optimeDate" : ISODate("2013-08-18T15:04:56Z")
```

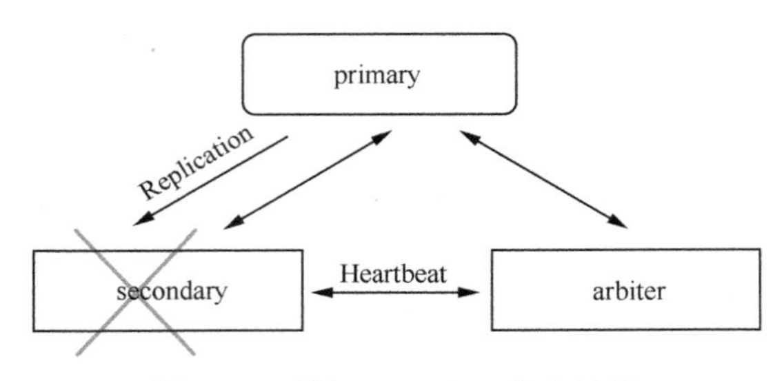

图 7-4　模拟 secondary 节点故障

3. 接着通过 primary 节点插入一条记录。

```
rs0:PRIMARY> db.scores.insert({stuid:2,subject:"english",score:100})
```

4. 再次查看复制集状态信息 rs.status()，我们可以看到 primary 成员节点上 oplpog 信息如下。

```
"optime" : {
"t" : 1376922730,
"i" : 1
},
"optimeDate" : ISODate("2013-08-19T14:32:10Z"),
```

与上面 down 机的成员节点比较，optime 已经不一样，primary 节点上要新于 down 机的节点。

5. 重新启动 Kill 掉的 Secondary 节点。

```
>mongod --config E:\MongoDB-win32-i386-2.6.3\configs_rs0\rs0_1.conf
```

查询复制集状态信息 rs.status()，观看节点"Guo:40001"的状态信息如下。

```
"_id" : 1,
"name" : "GUO:40001",
"health" : 1,
"state" : 2,
"stateStr" : "SECONDARY",
"uptime" : 136,
"optime" : {
"t" : 1376922730, //与上面primary节点一致了
"i" : 1
},
"optimeDate" : ISODate("2013-08-19T14:32:10Z"),
```

这说明 secondary 节点已经恢复并且从 primary 节点同步到了最新的操作数据。进一

步通过查询 secondary 节点上 local 数据库上的 oplog.rs 集合来进行验证，我们发现多了一条下面这样的记录。

```
{ "ts" : { "t" : 1376922730, "i" : 1 }, "h" : NumberLong
("-451684574732211704"),"v" : 2, "op" : "i", "ns" : "students.scores", "o" :
{ "_id" : ObjectId("52122c6a99c5a3ae472a6900"), "stuid" : 2, "subject" :
"english", "score" : 100 } }
```

这正是在 primary 节点上插入的记录，再次证明数据确实同步过来了。

接下来测试第二种情况，假如 Primary 节点故障，流程变化如图 7-5 所示。

1. 将 primary 节点 Kill 掉。

查询复制集的状态信息 rs.status()。

```
"name" : "Guo:40000",
"health" : 0,
"state" : 8,
"stateStr" : "(not reachable/healthy)"
```

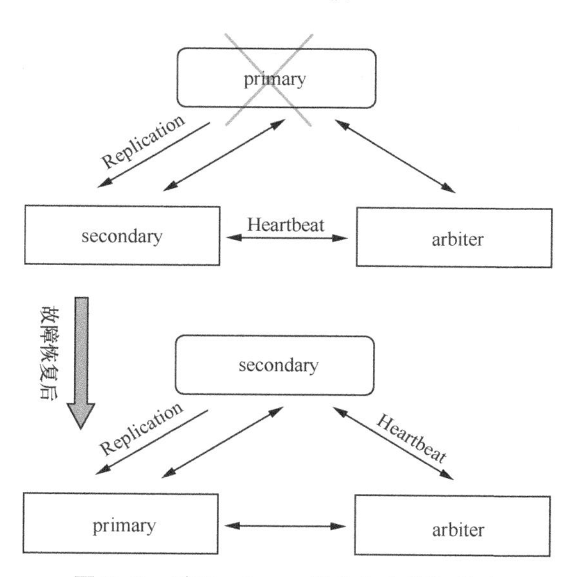

图 7-5 模拟 primary 节点失败并恢复后

字段"health"的值为 0，说明原来的 primary 节点已经 down 机了。

```
"name" : "Guo:40001",
"health" : 1,
"state" : 1,
```

```
"stateStr" : "PRIMARY"
```

字段"stateStr"值为"PRIMARY"，说明原来secondary节点变成了primary节点。

2. 在新的primary节点上插入一条记录如下。

```
rs0:PRIMARY> db.scores.insert({stuid:3,subject:"computer",score:99})
```

3. 重新恢复"Guo:40000"节点（原来的primary节点）。

```
>mongod --config E:\MongoDB-win32-i386-2.6.3\configs_rs0\rs0_0.conf
```

再次查看复制集状态rs.status()。

```
"name" : "Guo:40000",
"health" : 1,
"state" : 2,
"stateStr" : "SECONDARY",
"uptime" : 33,
"optime" : {
"t" : 1376924110,
"i" : 1
},
```

当"Guo:40000"实例被重新激活后，变成了secondary节点，oplog也被同步成最新的了。这说明当primary节点故障时，复制集能自动转移故障，将其中一个secondary节点变为primary节点，读写操作继续在新的primary节点上进行，原来primary节点恢复后，在复制集中变成了 secondary 节点，上面两种情况都得到了验证。但是有一点我们要注意，mongDB默认情况下只能在primary节点上进行读写操作，如图7-6所示。

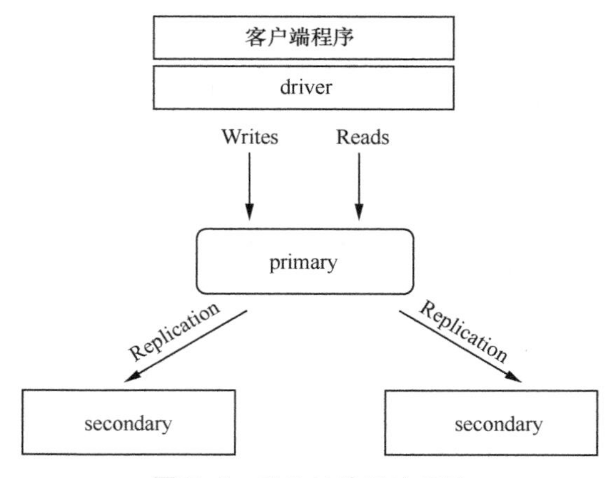

图7-6 默认的读写流程图

对于客户端应用程序来说，对复制集的读写操作是透明的，默认情况下它总是在primary节点上进行。MongoDB提供了很多种常见编程语言的驱动程序，驱动程序位于应用程序与mongod实例之间，应用程发起与复制集的连接，驱动程序自动选择primary节点。当primary节点失效、复制集发生故障转移时，复制集将先关闭与所有客户端的socket连接，驱动程序将返回一个异常，应用程序收到这个异常，这个时候需要应用程序开发人员去处理这些异常，同时驱动程序会尝试重新与primary节点建立连接（这个动作对应用程序来说是透明的）。假如这个时候正在发生一个读操作，在异常处理中我们可以重新发起读数据命令，因为读操作不会改变数据库的数据；假如这个时候发生的是写操作，情况就变得微妙起来。如果是非安全模式下的写操作，就会产生不确定因素，写操作是否成功不确定；如果是安全模式，驱动程序会通过getLastError命令知道哪些写操作成功，哪些失败了，驱动程序会返回失败的信息给应用程序。针对这个异常信息，应用程序可以决定怎样处置这个写操作，可以重新执行写操作，也可以直接给用户报出这个错误。

对于一个健壮的应用程序来说，安全模式的写操作总是应该被提倡的，7.2.3节将研究写这方面的内容。关于驱动程序如何处理这些繁琐的异常我们会在第12章中详细介绍。

7.2.3 写关注

对于某些应用程序来说，写关注是重要的。它能判断哪些写操作成功写入了，哪些失败了。对于失败的操作，驱动程序能返回错误，由应用程序决定怎么处理。如果没有写关注，应用程序发送一个写操作到socket后，就不会管后面发送了什么情况，不知道是否成功写入数据库，这种情形对于日志类型的应用程序还是可以接受的，因为偶尔的写失败不会影响整个日志的监控情况。带有写关注的操作会等到数据库确认成功写入后才能返回，因此写关注会带来一点性能的损失。下面我们先分析复制集上写关注配置。

默认情况下复制集的写关注只针对primary节点，如图7-7所示，当应用程序发送一个写操作请求时，驱动程序会调用getLastError命令返回写操作的执行情况（这一动作对应用程序来说是透明的），getLastError命令会根据我们配置的写关注选项来执行。写关注选项的配置是针对当前客户端与数据库的socket连接来说的，因此配置项需要通过应用程序传递给驱动程序。当然如果我们没有传递任何选项参数给驱动程序，getLastError命令会根据配置在复制集中的默认配置local.system.replset.settings.getLastErrorDefaults来执行。

getLastError命令的常用选项如下。

1. 选项w

当取值为-1时，驱动程序不会使用写关注，忽略掉所有的网络或socket错误。

当取值为0时，驱动程序不会使用写关注，只返回网络和socket的错误。

当取值为1时，驱动程序使用写关注，但是只针对primary节点，这个配置项是对于复制集或单mongod实例默认写关注配置。

当取值为整数且大于1时，写关注将针对复制集中的n个节点，当客户端收到这些节点的反馈信息后，命令才返回给客户端继续执行。如图7-8所示就是一个w值等于2的写关注执行流程图。

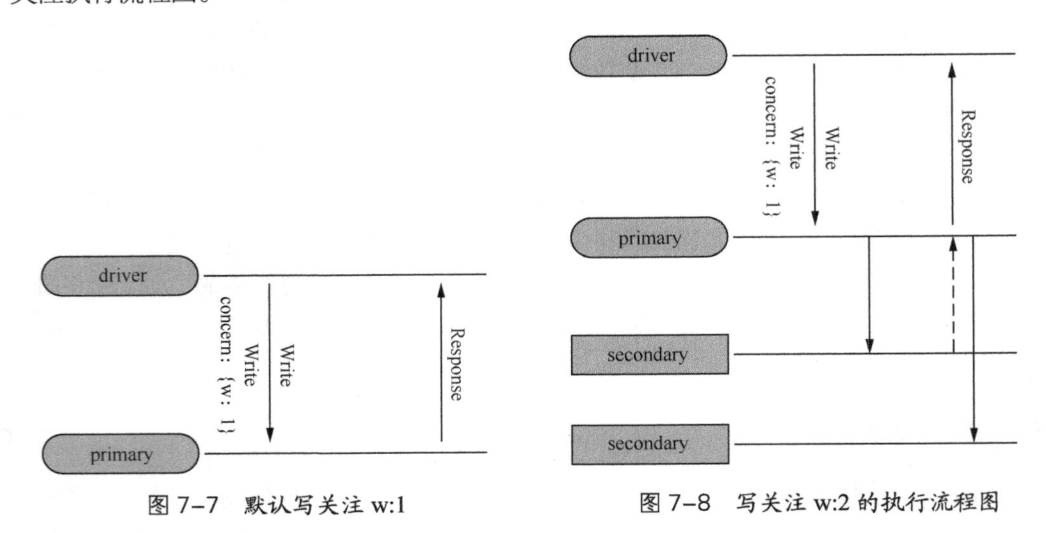

图7-7 默认写关注 w:1

图7-8 写关注 w:2 的执行流程图

2. 选项 wtimeout

指定写关注应在多长时间内返回，如果你没有指定这个值，复制集可能因为不确定因素导致应用程序的写操作一直阻塞。

下面我们通过一段代码对上面的描述做个回顾，在C#驱动程序下连接复制集并插入一条记录。代码向复制集中插入一条数据，但是客户端的配置属性都是默认的，写关注w选项值为1，可以在C#的驱动程序中通过MongoClientSettings这个类来设置客户端的连接属性，包括写关注等。

下面的代码没有具体指定连接到哪个节点，但驱动程序会默认地选择primary节点，当primary节点宕机时，复制集重新选择出新的primary节点，驱动程序尝试重新连接新的primary节点并完成插入，这个动作对应用程序是透明的。

```
//实例化一个客户端的连接属性实例
MongoClientSettings clientSetting = new MongoClientSettings();
//设置属性准备 Servers 为要连接的复制集中的所有成员实例
```

```
List<MongoServerAddress> Servers = new List<MongoServerAddress>();
Servers.Add(new MongoServerAddress("Guo",40000));
Servers.Add(new MongoServerAddress("Guo",40001));
Servers.Add(new MongoServerAddress("Guo",40002));
clientSetting.Servers = Servers;
clientSetting.ReplicaSetName = "rs0"; //设置属性复制集的名称
MongoClient client = new MongoClient(clientSetting);//根据设置的属性，
实例化客户端
//得到一个与复制集连接的实例
MongoServer server = client.GetServer();
//获得一个与具体数据库连接对象,数据库名为 students
MongoDatabase mydb = server.GetDatabase("students");
//获得数据库中的表对象,即 scores 表
MongoCollection mydbTable = mydb.GetCollection("scores");
//准备一条数据，即声明一个文档对象
BsonDocument doc = new BsonDocument
{
  {"stuid",5},
  {"subject","sports"},
  {"score",99}
};
//将文档插入到数据库中
mydbTable.Insert(doc);
```

7.2.4 读参考

读参考是指 MongoDB 将客户端的读请求路由到复制集中指定的成员上，默认情况下读操作的请求被路由到复制集中的 primary 节点上，如图 7-6 所示。从 primary 节点上进行读取能够保证读到的数据是最新的，但是将读操作路由到其他 secondary 节点上去后，由于从 primary 节点同步数据到 secondary 节点会产生时间差，可能导致从 secondary 节点上读到的数据不是最新的。当然这对于实时性要求不是很高的绝大部分应用程序来说，并不是大问题。

关于读参考还有一点要注意，因为每一个 secondary 节点都会从 primary 节点同步数据，所有 secondary 节点一般有相同的写操作流量，同时 priamry 节点上的读操作量也并

没有减少，所以读参考并不能提高系统读写的容量。它最大的好处是能够使客户端的读请求路由到最佳的 secondary 节点上（如最近的节点），提高客户端的读效率，MongoDB 驱动支持的读参考模式如下。

1. primary 模式

这是默认的读操作模式，所有的读请求都路由到复制集中的 primary 节点上。如果 priamry 节点故障了，读操作将会产生一个错误或者抛出一个异常。

2. priamrypreferred 模式

在大多数模式下，读操作从 primary 节点上进行，如果 primary 节点故障无法读取，读操作将被路由到 secondary 节点上。

3. secondary 模式

读操作只能从 secondary 节点上进行，如果没有可用的 secondary 节点，读操作将产生错误或抛出异常。

4. secondaryPreferred 模式

在大多数情况下，读操作在 secondary 节点上进行，但当复制集中只有一个 primary 节点时，读操作将用这个复制集的 primary 节点。

5. nearest 模式

读操作从最近的节点上进行，有可能是 primary 节点，也有可能是 secondary 节点，并不会考虑节点的类型。

7.3 小结

当 MongoDB 向复制集中的 primary 节点写数据时，也会将写操作日志 oplog 写到 primary 节点所在的 local 数据库中，因此对复制集的写操作会产生两个锁，一个是集合数据所在的数据库上的写锁，还有一个是 local 数据库上的写锁。

复制集中的 secondary 节点并不是实时地同步 oplog 日志、将数据的变化反映到 secondary 节点上，而是采取周期延迟批量写入的方式；secondary 节点当应用写操作变化时，会锁在数据库，不允许读操作发生。

第8章 分片集群

上一章的分析复制集解决了数据库的备份与自动故障转移，但是围绕数据库的业务中当前还有两个方面的问题变得越来越重要，一是海量数据如何存储，二是如何高效地读写海量数据。尽管复制集也可以实现读写分析，如在 primary 节点上写，在 secondary 节点上读，但在这种方式下客户端读出来的数据有可能不是最新的，因为 primary 节点到 secondary 节点间的数据同步会带来一定延迟，而且这种方式也不能处理大量数据。MongoDB 从设计之初就考虑了上面所提到的两个问题，引入了分片机制，实现了海量数据的分布式存储与高效的读写分离。复制集中的每个成员是一个 mongod 实例，但在分片部署上，每一个片可能就是一个复制集。

上面谈到了分片的优点，但分片的使用会使数据库系统变得复杂。什么时候使用分片也是需要考虑的问题。MongoDB 使用内存映射文件的方式来读写数据库，对内存的管理由操作系统来负责。随着运行时间的推移，数据库的索引和数据文件会变得越来越大，对于单节点的机器来说，迟早会突破内存的限制。当磁盘上的数据文件和索引远大于内存的大小时，操作系统会频繁地进行内存交换，导致整个数据库系统的读写性能下降。因此对于大数据的处理，要时刻监控 MongoDB 的磁盘 I/O 性能、可用内存的大小，在数据库内存使用率达到一定程度时就要考虑分片了，通过分片使整个数据库分布在各个片上，每个片拥有数据库的一部分数据，从而降低内存使用率，提高读写性能。

8.1 分片部署架构

下面我们看看一个具体的分片部署架构是什么，为了后续的研究，先部署一个如图 8-1 所示的分片集群。由图可知，分片集群主要由 mongos 路由进程、复制集组成的片 shards、一组配置（Configure）服务器构成，下面我们对这些模块一一解释。

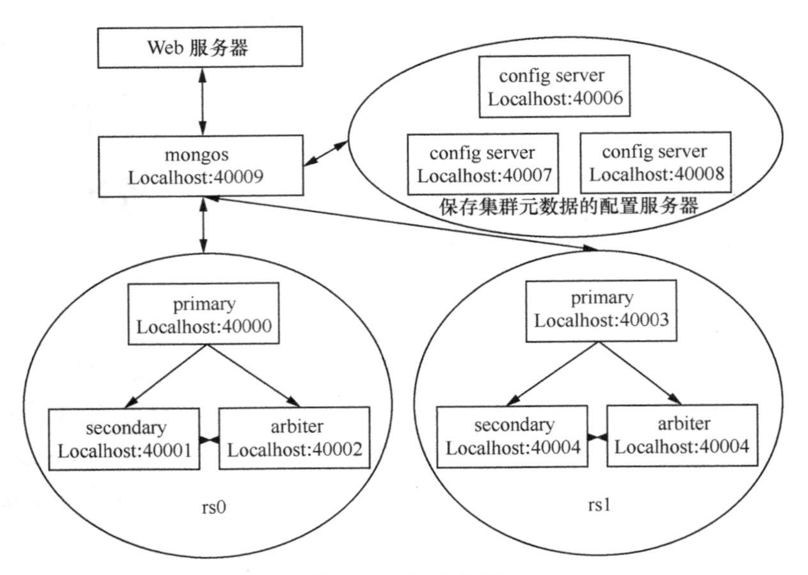

图 8-1 分片集群

分片集群中的一个片 shard 实际上就是一个复制集，当然一个片也可以是单个 mongod 实例，只是在分片集群的生产环境中，每个片只是保存整个数据库数据的一部分，如果这部分数据丢失了，那么整个数据库就不完整了。因此我们应该保证每个片上数据的稳定性和完整性，通过第 7 章对复制集的分析可知，复制集能够达到这样的要求。我们通过将片配置为复制集的形式，使片 shard 在默认情况下读写都在复制集的 primary 节点上，每个片同时具有自动故障转移、冗余备份的功能，总之复制集所具有的的特性在片上都能得到体现。

mongos 路由进程是一个轻量级且非持久性的进程。轻量级表示它不会保存任何数据库中的数据，它只是将整个分片集群看成一个整体，使分片集群对整个客户端程序来说是透明的。当客户端发起读写操作时，由 mongos 路由进程将该操作路由到具体的片上进行；为了实现对读写请求的路由，mongos 进程必须知道整个分片集群上所有数据库的分片情况，即元信息。这些信息是从配置服务器上同步过来的，每次进程启动时都会从 configure 服务器上读元信息，mongos 并非持久化保存这些信息。

配置服务器 configure 在整个分片集群中相当重要。上面说到 mongos 会从配置服务器同步元信息，因此配置服务器要能实现这些元信息的持久化。配置服务器上的数据如果丢失，那么整个分片集群就无法使用，因此在生产环境中通常利用三台配置服务器来实现冗余备份，这三台服务器是独立的，并不是复制集架构。

下面按照如图 8-1 所示来配置一个这样的分片集群。

1. 配置复制集 rs0 并启动，参考 7.1 节中介绍的 6 个步骤。

先创建好 rs0 中各节点的数据文件存放路径、日志文件路径以及配置文件，其中配置文件的内容如下。

rs0 中 primary 节点的配置文件为 rs0_0.conf。

```
dbpath = E:\MongoDB-win32-i386-2.6.3\db_rs0\data\rs0_0
logpath = E:\MongoDB-win32-i386-2.6.3\db_rs0\logs\rs0_0.log
journal = true
port = 40000
replSet = rs0
```

rs0 中 secondary 节点的配置文件为 rs0_1.conf 如下所示。

```
dbpath = E:\MongoDB-win32-i386-2.6.3\db_rs0\data\rs0_1
logpath = E:\MongoDB-win32-i386-2.6.3\db_rs0\logs\rs0_1.log
journal = true
port = 40001
replSet = rs0
```

rs0 中 arbiter 节点的配置文件为 rs0_2.conf 如下所示。

```
dbpath = E:\MongoDB-win32-i386-2.6.3\db_rs0\data\rs0_2
logpath = E:\MongoDB-win32-i386-2.6.3\db_rs0\logs\rs0_2.log
journal = true
port = 40002
replSet = rs0
```

按照 7.1 节介绍的步骤启动复制集 rs0。

2. 配置复制集 rs1 并启动，步骤与上面相同，这里给出 rs2 中各节点对应的配置文件内容。

rs1 中 primary 节点的配置文件为 rs1_0.conf。

```
dbpath = E:\MongoDB-win32-i386-2.6.3\db_rs1\data\rs1_0
logpath = E:\MongoDB-win32-i386-2.6.3\db_rs1\logs\rs1_0.log
journal = true
port = 40003
replSet = rs1
```

rs1 中 primary 节点的配置文件为 rs1_1.conf。

```
dbpath = E:\MongoDB-win32-i386-2.6.3\db_rs1\data\rs1_1
logpath = E:\MongoDB-win32-i386-2.6.3\db_rs1\logs\rs1_1.log
```

```
journal = true
port = 40004
replSet = rs1
```

rs1 中 primary 节点的配置文件为 rs1_2.conf 如下所示。

```
dbpath = E:\MongoDB-win32-i386-2.6.3\db_rs1\data\rs1_2
logpath = E:\MongoDB-win32-i386-2.6.3\db_rs1\logs\rs1_2.log
journal = true
port = 40005
replSet = rs1
```

按照 7.1 节介绍的步骤启动复制集 rs0。

通过 rs.status()检查并确认上述复制集已启动且配置正确。

3. 配置 configure 服务器。

configure 服务器也是一个 mongod 进程，它与普通的 mongod 实例没有本质区别，只是它上面的数据库以及集合是特意给分片集群用的，其内容我们会在后面详细介绍。三个独立的配置服务器对应的启动配置文件内容如下。

configure 服务器 1 的配置文件 cfgserver_0.conf 如下所示。

```
dbpath = E:\MongoDB-win32-i386-2.6.3\db_configs\data\db_config0
logpath = E:\MongoDB-win32-i386-2.6.3\db_configs\logs\db_config0.log
journal = true
port = 40006
configsvr = true
```

configure 服务器 2 的配置文件 cfgserver_1.conf 如下所示。

```
dbpath = E:\MongoDB-win32-i386-2.6.3\db_configs\data\db_config1
logpath = E:\MongoDB-win32-i386-2.6.3\db_configs\logs\db_config1.log
journal = true
port = 40007
configsvr = true
```

configure 服务器 3 的配置文件 cfgserver_2.conf 如下所示。

```
dbpath = E:\MongoDB-win32-i386-2.6.3\db_configs\data\db_config2
logpath = E:\MongoDB-win32-i386-2.6.3\db_configs\logs\db_config2.log
journal = true
port = 40008
configsvr = true
```

配置服务器上的 mongod 实例启动时的配置选项与普通的 mongod 实例差不多，这里只是多了一个 configsvr=true 的选择，说明这个 mongod 实例是一个 configure 类型的 mongod 实例。

启动上面三个配置服务器。

```
>mongod --config E:\MongoDB-win32-i386-2.6.3\configs_cfgservers\cfgserver_0.conf
>mongod --config E:\MongoDB-win32-i386-2.6.3\configs_cfgservers\cfgserver_1.conf
>mongod --config E:\MongoDB-win32-i386-2.6.3\configs_cfgservers\cfgserver_2.conf
```

4. 配置 mongos 路由服务器。

配置文件 cfg_mongos.conf 内容如下所示。

```
logpath = E:\MongoDB-win32-i386-2.6.3\mongos\logs\mongos.log
port = 40009
configdb = Guo:40006,GuO:40007,GuO:40008
```

启动路由服务器。

```
>mongos --config E:\MongoDB-win32-i386-2.6.3\mongos\cfg_mongos.conf
```

实例对应的进程为 mongos，路由服务器只是一个轻量级和非持久化操作的进程，因此上面的配置文件里面没有像其他 mongod 实例那样有一个存放数据文件的路径选项 dbpath。

5. 添加各分片到集群。

前面已经完成了两个片（复制集）、三个配置服务器、一个路由服务器且它已经知道从哪些配置服务器上同步元数据（configdb = Guo:40006,GuO:40007,GuO:40008），接下来我们要做的是将各个片添加到集群中。

打开一个 mongo 客户端连接到 mongos 服务器。

```
>mongo --port 40009
```

添加两个分片如下所示。

```
mongos> sh.addShard("rs0/GUO:40000,GUO:40001")
{ "shardAdded" : "rs0", "ok" : 1 }
mongos> sh.addShard("rs1/GUO:40003,GUO:40004")
{ "shardAdded" : "rs1", "ok" : 1 }
```

这里添加分片的命令是 sh.addShard()，参数是复制集名以及复制集中不包含 arbiter 类型的所有节点。

6. 最后通过命令 sh.status()检查上面的配置是否正确，正常的话输出信息类似下面。

```
mongos> sh.status()
--- Sharding Status ---
sharding version: {
"_id" : 1,
```

```
"version" : 3,
"minCompatibleVersion" : 3,
"currentVersion" : 4,
"clusterId" : ObjectId("521b11e0a663075416070c04")
}
shards:
{ "_id" : "rs0", "host" : "rs0/Guo:40000,Guo:40001" }
{ "_id" : "rs1", "host" : "rs1/Guo:40003,Guo:40004" }
databases:
{ "_id" : "admin", "partitioned" : false, "primary" : "config" }
```

上面输出的信息中 clusterId 字段表示此分片集群的唯一标示；shards 为分片集群中包含的所有片，其中_id 为此片的名称，host 为片中的主机的 host 信息；databases 为集群中的所有数据库，其中_id 为数据库名称，partitioned 表示此数据库是否支持分片；primary 节点表示当数据库支持分片，此数据库上所有未分片的集合所在的片。

此时在整个分片集群中还没有创建任何其他数据库，通过路由进程 mongos 连接集群，执行命令 show dbs 我们可以看到集群中只有系统默认创建的一个 config 数据库，而且这个数据库只存在于三个配置服务器上，config 数据库中的集合包含了整个集群的配置信息。执行命令 show collections，我们可以看到有如下集合。

```
mongos> show collections
```

changelog：保存被分片的集合的任何元数据的改变，例如 chunks 的迁移、分割等。

Chunks：保存集群中分片集合的所有块的信息，包含块的数据范围与块所在的片。

Databases：保存集群中的所有数据库，包含分片与未分片的。

Lockpings：保存跟踪集群中的激活组件。

locks：均衡器 balancer 执行时会生产锁，在此集合中插入一条记录。

mongos：保存了集群中所有路由 mongos 的信息。

Settings：保存分片集群的配置信息，如每个 chunk 的大小（64MB）、均衡器的状态。

Shards：保存了集群中的所有片的信息。

system.indexes：保存 config 数据库中的所有索引信息。

Version：保存当前所有元信息的版本。

由上所述得知，配置服务器中的 config 数据库的信息对于整个集群来说是至关重要的，这也是生产环境中最少需要 3 个配置服务器做冗余备份的原因；同时上面对 config 数据库的所有操作，都是通过客户端连接 mongos 后再进行的，尽管 config 数据库也是在单个 mongod 实例上，我们可以直接通过客户端连接到这个实例然后做操作，但是这样会出现配置服务器上的信息不一致的风险，因此我们对集群的所有操作应该是通过客户端连接 mongos 来执行。

最后我们探讨一下实际部署的问题，通过图 8-1 和前面的分析可知，一个生产环境最少需要 9 个 mongod 实例进程，一个 mongos 进程实例，理论上说最少需要由 10 台机器才能组成。但是这些进程中有些并不需要很多软硬件资源，它们可以与其他进程共存部署在同一个机器上，如复制集中 arbiter 进程、mongos 进程可以部署到应用程序所在的服务器，综合考虑后我们可以得到如图 8-2 所示的典型部署。

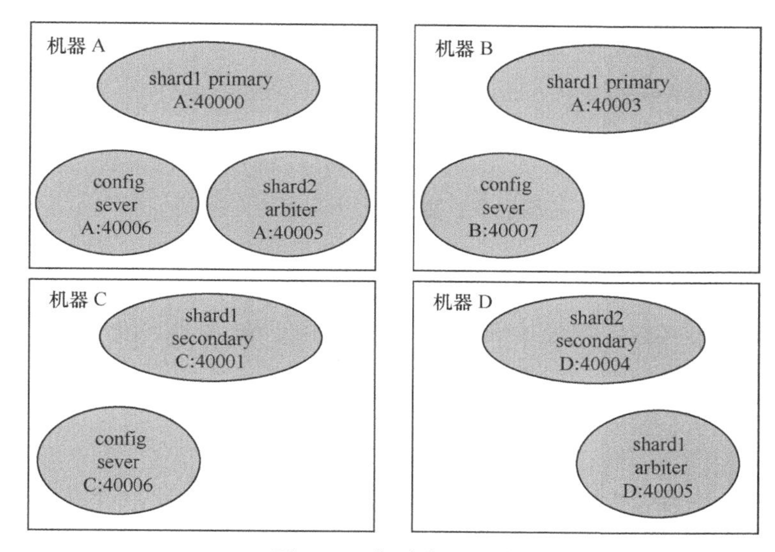

图 8-2 集群典型部署

上图部署的总体原则是使每一个片(复制集)中的 primary 节点、secondary 节点、arbiter 节点分开以及三台配置服务器分开，当图中的四台机器任何一台宕机时，集群都能够正常运行。

8.2 分片工作机制

前面我们部署了一个默认的分片集群，对 MongoDB 的分片集群有了大概的认识，到目前为止我们还没有在集群上建立其他数据库。MongoDB 的分片是基于集合（表）来进行的，因此要对一个集合分片，必须先使其所在的数据库支持分片。如何使一个集合分片？如何选择分片用到的片键？平衡器如何使 chunks 块在片中迁移？分片的读写情况怎么样？接下来我们将探讨这些问题。

8.2.1 使集合分片

1. 连接到上面所配置集群中的 mongos 实例。

```
> mongo --port 40009
```

2. 在集群中创建数据库 eshop 和集合 users。

```
mongos> use eshop
switched to db eshop
mongos> db.users.insert({userid:1,username:"lili",city:"beijing"})
```

此时在集合 users 中只有一条记录，如下所示。

```
{ "_id" : ObjectId("521dcce715ce3967f964c00b"), "userid" : 1, "username" : "lili", "city" : "beijing" }
```

观察集群的状态信息，字段 databases 会增加一条记录，其他字段与初始化的集群信息相同。

```
mongos> sh.status()
databases:
{ "_id" : "eshop", "partitioned" : false, "primary" : "rs0" }
```

我们可以看到此时数据库 eshop 还没支持分片，且数据库中所有未分片的集合将保存在片 rs0 中，状态如图 8-3 所示。

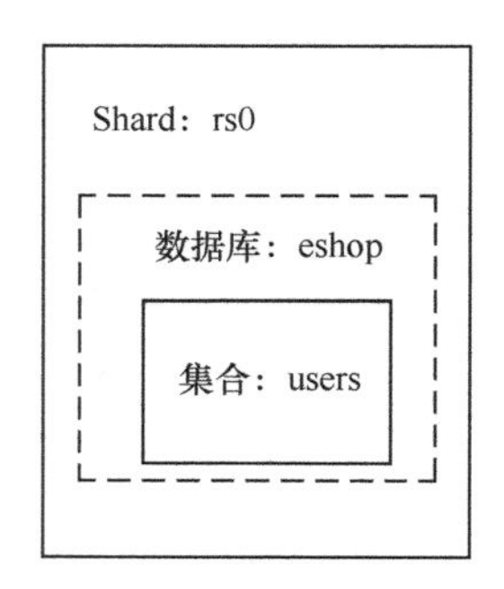

图8-3 集合未分片时都在片 rs0 中

查看磁盘上的数据文件，此时会产生 eshop.0、eshop.1、eshop.ns 三个文件且位于 rs0

所对应的数据目录中，集群中 chunks 集合为空，因为现在还没有对集合 users 分片。

3. 分片。

MongoDB 的分片是基于范围的，也就是说任何一个文档一定位于指定片键的某个范围内。一旦片键选择好后，chunks 就会按照片键来将一部分 documents 从逻辑上组合在一起。

这里对 users 集合选择"city"字段作为片键来分片，假如现在"city"字段值有"beijing"、"guangzhou"、"changsha"，初始时刻随机地向集群中插入包含以上字段值的文档，此时由于 chunks 的大小未达到默认的阈值 64MB 或 100000 个文档，集群中应该只有一个 chunk；随着继续插入文档，超过阈值的 chunk 会被分割成两个 chunks，最终的 chunks 和片键分布可能如表 8-1 所示。

表 8-1　集合分片

开始键值	结束键值	所在分片
-∞	beijing	rs0
beijing	changsha	rs1
changsha	guangzhou	rs0
Guangzhou	∞	rs1

表格只是大体上描述了分片的情况，实际可能有所变化，其中-∞表示所有键值小于"beijing"的文档，∞表示所有键值大于"guangzhou"的文档。这里还要强调一点就是 chunks 所包含的文档并不是物理上的包含，它是一种逻辑包含，它只表示带有片键的文档会落在哪个范围内，而这个范围的文档对应的 chunk 位于哪个片是可以查询到的，后续的读写操作就定位到这个片上的具体集合中进行。

下面我们继续通过命令使集合 users 分片，使集合分片必须先使其所在的数据库支持分片，如下所示。

```
mongos> sh.enableSharding("eshop") //使数据库支持分片
```

对已有数据的集合进行分片，必须先在所选择的片键上创建一个索引，如果集合初始时没有任何数据，则 MongoDB 会自动在所选择的的片键上创建一个索引。

```
mongos> db.users.ensureIndex({city:1}) //创建基于片键的索引
mongos> sh.shardCollection("eshop.users",{city:1}) //使集合分片
```

成功执行上面命令后，再次查看集群状态信息如下所示。

```
mongos> sh.status()
--- Sharding Status ---
```

```
sharding version: {
"_id" : 1,
"version" : 3,
"minCompatibleVersion" : 3,
"currentVersion" : 4,
"clusterId" : ObjectId("521b11e0a663075416070c04")
}
shards:
{ "_id" : "rs0", "host" : "rs0/GUO:40000,GUO:40001" }
{ "_id" : "rs1", "host" : "rs1/GUO:40003,GUO:40004" }
databases:
{ "_id" : "admin", "partitioned" : false, "primary" : "config" }
{ "_id" : "eshop", "partitioned" : true, "primary" : "rs0" } //数据库
已支持分片
eshop.users //分片的集合
shard key: { "city" : 1 } //片键
chunks: //所有块信息
rs0 1 //当前只有1个块在片rs0上
{ "city" : { "$minKey" : 1 } } -->> { "city" : { "$maxKe
y" : 1 } } on : rs0 { "t" : 1, "i" : 0 }
```

此块的包含键值范围是-∞～∞，而且在片 rs0 上，因为此时集合中只有一条记录，还未进行块的分割、迁移。

4. 继续插入数据使集合自动分片。

为了观察到集合被分成多个 chunk 并分布在多个片上，我们继续插入一些数据进行分析。

```
> for(var i = 1; i<10000;i++) db.users.insert({userid:i,username:
"lili"+i,city: "beijing"})
> for(var i = 0; i<10000;i++) db.users.insert({userid:i,username:
"xiaoming"+i,city: "changsha"})
> for(var i = 0; i<10000;i++) db.users.insert({userid:i,username:
"xiaoqiang"+i,city: "guangzhou"})
```

通过以上 3 次循环插入文档，第一个 chunk 的大小超过 64MB 时，出现 chunk 分割与迁移的过程。最终集合分布情况如图 8-4 所示。

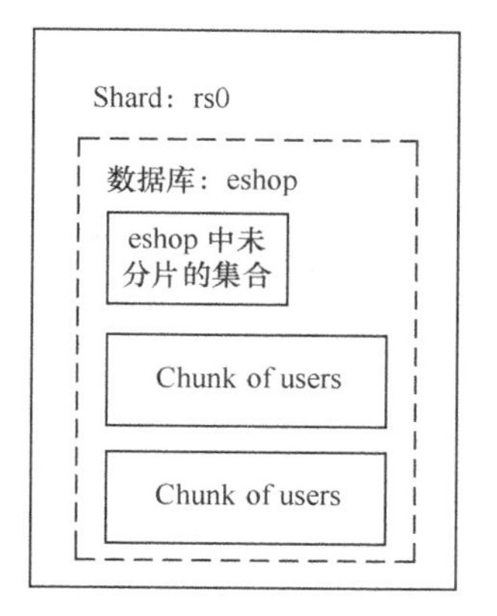

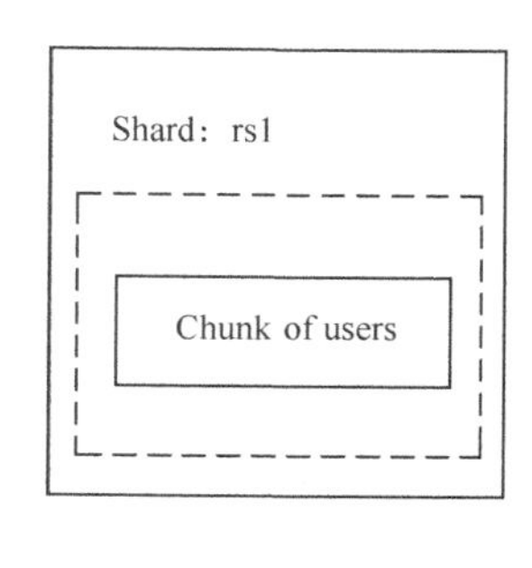

图 8-4 集合 users 被分片后的分布情况

我们再次观察集群的状态信息，字段 databases 值变为如下所示。

```
databases:
{ "_id" : "admin", "partitioned" : false, "primary" : "config" }
{ "_id" : "eshop", "partitioned" : true, "primary" : "rs0" }
eshop.users
shard key: { "city" : 1 }
chunks:
rs1 1
rs0 2
{ "city" : { "$minKey" : 1 } } -->> { "city" : "beijing"
} on : rs1 { "t" : 2, "i" : 0 } //块区间
{ "city" : "beijing" } -->> { "city" : "guangzhou" } on
: rs0 { "t" : 2, "i" : 1 } //块区间
{ "city" : "guangzhou" } -->> { "city" : { "$maxKey" : 1
} } on : rs0 { "t" : 1, "i" : 4 } //块区间
```

这说明此时集群中有三个块，其中在片 rs0 上有两个块，在片 rs1 上有一个块，每个块包含一定区间范围的文档。为了更加清楚地知道这些块是如何分割和迁移的，我们可以查看 changelog 集合中的记录信息进行分析。

从命令 db.changelog.find()输出内容中我们可以看到有以下几步。

第一步：分割大于 64MB 的块，原来此块的片键的区间范围是-∞～∞，分割后区间变为-∞～"beijing"、"beijing"～∞两个区间，如图 8-5 所示。

第二步：随着继续插入文档，区间"beijing"～∞所包含的块的大小超过 64MB，此时这个区间又被分割为"beijing"～"guangzhou"、"guangzhou"～∞这两个区间，如图 8-6 所示。

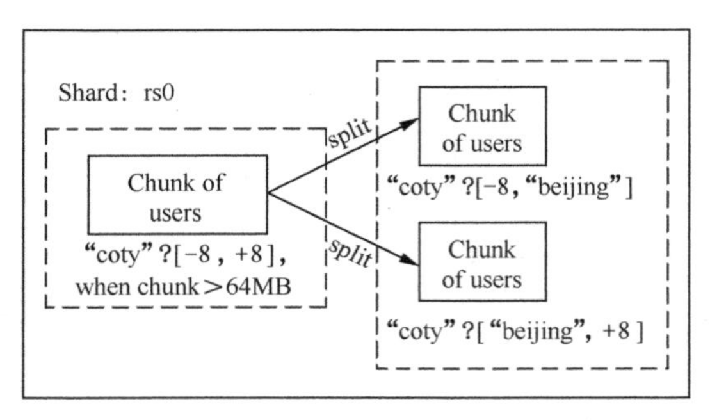

图 8-5 chunk 的分割

第三步：经过上面的分割，现在相当于有 3 个区间块了，这一步做的就是将区间-∞～"beijing"对应的 chunk 从片 rs0 迁移到片 rs1，最终结果是分片 rs0 上包含"beijing"～"guangzhou"、"guangzhou"～∞两个区间的块，分片 rs1 上包含区间-∞～"beijing"的块，如图 8-7 所示。

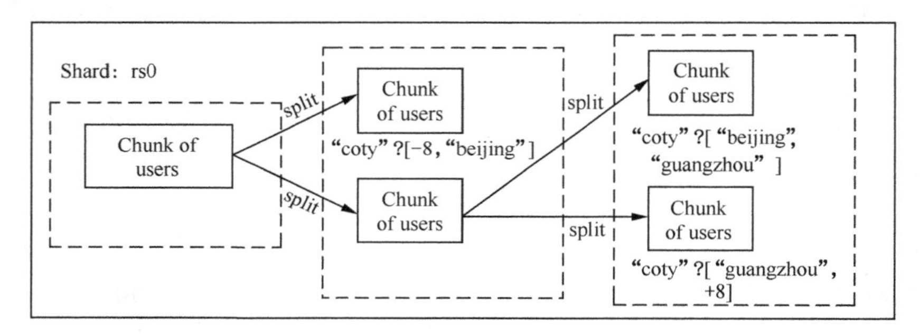

图 8-6 继续分割 chunk

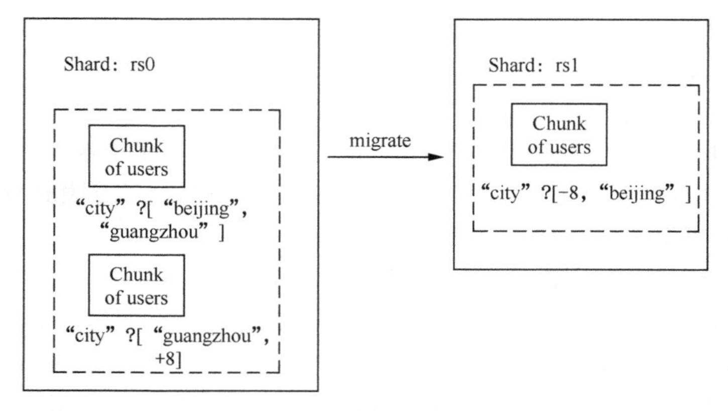

图 8-7 chunk 的迁移

上面循环插入文档时还插入了片键值为"changsha"的记录，这个片键的记录应该都位于区间"beijing"～"guangzhou"所对应的 chunk 上，只不过因为 chunk 的大小还未达到 64MB，所以还未进行分割，如果继续插入此片键的文档，区间可能会被分割为"beijing"～"changsha"、"changsha"～"guangzhou"这两个区间块。

依次类推，MongoDB 就是这样来实现海量数据的分布式存储的，同时由于每个片又是由复制集组成，保证了数据的可靠性。

8.2.2 集群平衡器

在图 8-7 中有一个块迁移的动作，这个是 MongoDB 中的一个叫平衡器的后台进程自动完成的。

当一个被分片的集合的所有 chunk 在集群中分布不均匀时，平衡器就会将 chunk 从拥有最大数量块的片上迁移到拥有最少数量块的片上。例如，如果一个集合有 200 个块在 shard A 上、50 个块在 shard B 上，那么平衡器将启动迁移，直到 shard A 上的块与 shard B 上的块差不多相等为止。

只有当某个分片的集合中块数量的分布差达到设定的阈值时才会触发平衡器开始工作，默认情况下当块的总数小于 20 个时，阈值为 2；当块的数量在 20 ~ 79 个时，阈值为 4；当块的数量大于 80 个时，阈值为 8。所有块的迁移都遵循的流程如图 8-8 所示。

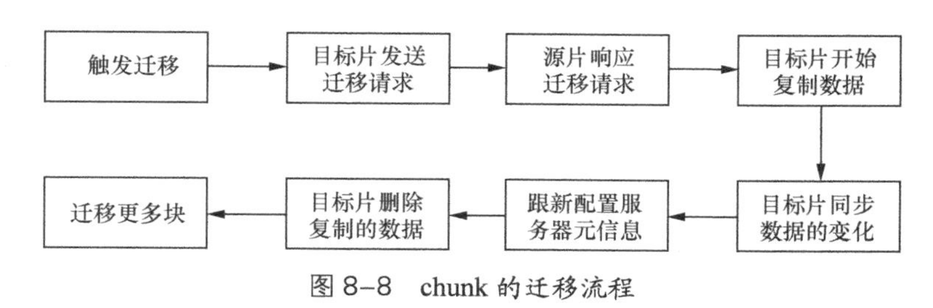

图 8-8 chunk 的迁移流程

1. 平衡器进程发送 moveChunk 命令到源片上。

2. 源片也开启一个到目标片的移动进程，在迁移的过程中，如果有改变 chunk 的动作，源片也会响应这个动作。

3. 目标片开始请求 chunk 中的文档并复制接受到的数据。

4. 当接收完 chunk 中的最后一个文档后，目标片开启一个同步进程，确保在迁移过程中引起数据变化的动作能够被重新执行。

5. 同步完成后，目标片连接到配置服务器，将 chunk 的最新位置信息更新到保存在配置服务器的元数据中。

6. 当完成元数据更新后，源片将删除复制的文档。

8.2.3 集群的写与读

从图 8-1 我们可以看到，客户端应用程序对集群的读写都是通过 mongos 这个路由进程来进行的，与对单个 mongod 实例的读写类似。

1. 先看看写操作，下面给出一段 C#驱动程序对上面配置的分片集群的写操作代码。

```
//实例化一个客户端的连接属性实例
MongoClientSettings clientSetting = new MongoClientSettings();
//设置属性 Server 为要连接的实例的地址，这里就是 mongos 服务器的地址
MongoServerAddress ServerAddr = new MongoServerAddress("Guo", 40009);
clientSetting.Server = ServerAddr;
MongoClient client = new MongoClient(clientSetting);//实例化一个客户端
MongoServer server = client.GetServer();//得到一个与复制集连接的实例
//获得一个与具体数据库连接对象,数据库名为 eshop
MongoDatabase mydb = server.GetDatabase("eshop");
//获得数据库中的表对象,即 scores 表
MongoCollection mydbTable = mydb.GetCollection("users");
//准备一条数据，即申明一个文档对象
BsonDocument doc = new BsonDocument
{
   {"city","wuhan"},
   {"userid",0},
   {"username","xiaoxiao"}
};
mydbTable.Insert(doc); //将文档插入到数据库中
```

从上面的代码可以看出，客户端应用程序对集群的读写操作与对单个 mongod 实例是一样的，mongos 路由服务器起到了封装集群的作用，使集群对应用程序来说是透明的，这条记录插入到哪个片上的哪个 chunk 上都由 mongos 路由服务器来负责，如图 8-9 所示。

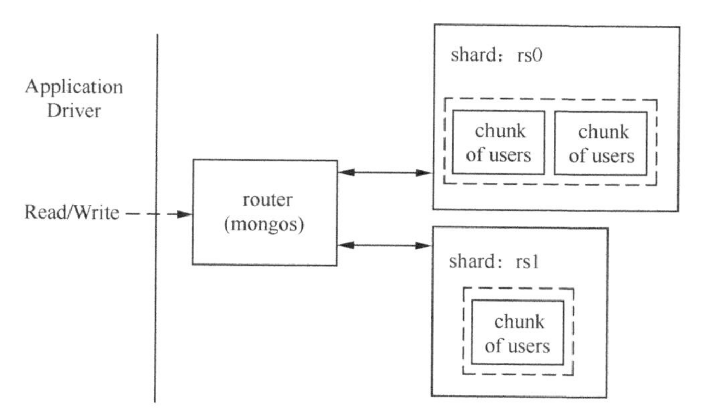

图 8-9 读写操作

2. 接下来分析下查询，在单个节点的 MongoDB 实例上，第 4 章分析了索引对查询性能的影响；在分片的集群上，除了索引会影响查询性能外，查询语句中是否包含片键也会对查询性能产生影响，对于在集群上分片的集合 **users** 我们先看看现在有哪些索引。

```
mongos> use eshop
mongos> db.system.indexes.find()
{ "v" : 1, "key" : { "_id" : 1 }, "ns" : "eshop.users", "name" : "_id_" }
{ "v" : 1, "key" : { "city" : 1 }, "ns" : "eshop.users", "name" : "city_1" }
```

上面有两个索引，其中"name" : "_id_"为集合默认创建的 id 索引，"name" : "city_1"为分片时在选择的片键上所创建的索引。

这里有一点要注意，片键是决定查询落到那个片哪个 chunk 上的依据，这个信息保存在集群的配置服务器上；索引是针对每个片上的集合来说的，每个片都会为属于自己的那部分集合创建独立的索引数据。因此查询语句中是否包含片键和索引对查询性能影响较大，查询语句中的片键决定了路由到哪个片上，索引进一步决定了在片上的 primary 节点上高效查询。

下面我们通过几个例子进行总结。

第一种情况的查询：不包含片键和索引的查询语句。

```
mongos> db.users.find({username:"lili19"}).explain()
```

输出信息如下所示。

```
{
"clusteredType" : "ParallelSort", //mongos 并行查询各分片
"shards" : {
"rs0/GUO:40000,GUO:40001" : [
```

```
{//扫描分片 rs0
"cursor" : "BasicCursor",
"isMultiKey" : false,
"n" : 1, //与查询条件的匹配文档数
"nscannedObjects" : 29994, //扫描的文档总数
"nscanned" : 29994,
"nscannedObjectsAllPlans" : 29994,
"nscannedAllPlans" : 29994,
"scanAndOrder" : false,
"indexOnly" : false,
"nYields" : 0,
"nChunkSkips" : 0,
"millis" : 11, //查询完成所花费时间，单位毫秒
"indexBounds" : {
//如果用到索引，此处显示索引的键值的范围
},
"server" : "GUO:40000"
}
],
"rs1/GUO:40003,GUO:40004" : [
{
//查询片 rs1
"cursor" : "BasicCursor",
"isMultiKey" : false,
"n" : 0,
"nscannedObjects" : 99,
"nscanned" : 99,
····· //省略一部分与上面类似内容
}
]
},
"cursor" : "BasicCursor", //没用到索引，全表扫描
"n" : 1, //总的匹配的文档数
"nChunkSkips" : 0, //因为 chunk 的迁移，跳过的文档数
```

```
"nYields" : 0, //当允许写操作执行时，查询得到的读锁次数
"nscanned" : 30093, //索引中总的扫描文档数
"nscannedAllPlans" : 30093, //所有查询计划总的扫描文档或索引记录数
"nscannedObjects" : 30093, //集合中总的扫描的文档数
"nscannedObjectsAllPlans" : 30093, //所有查询计划总的扫描文档数
"millisShardTotal" : 11, //查询在所有片上花费的总的时间，单位毫秒
"millisShardAvg" : 5, //查询在所有片上执行的平均时间，单位毫秒
"numQueries" : 2, //总的查询执行次数，单位毫秒
"numShards" : 2, //总的查询片的数量
"millis" : 0 //完成查询所花费时间
}
```

从上面的输出结果我们可以看出，不包含片键和索引的查询将对所有片上的集合数据进行全表扫描。

同时注意字段"nscanned"与"nscannedObjects"代表的含义是不一样的，前者表示当查询用到索引时，在索引中扫描的文档数；后者表示在集合中扫描的文档数。如果查询没有用到索引，则两者的数量相同。

字段"nscannedAllPlans"与"nscanned"含义不同，因为 MongoDB 执行查询时可能有多种查询计划，前者表示的就是所有查询计划中扫描的文档总数，后者表示选定的某一种查询计划下扫描文档总数。

第二种情况的查询：只包含片键的查询语句。

我们先插入 10 条测试记录。

```
for(var i = 0; i< 10 ;i++) db.users.insert({userid:i,username:"lili"+i,
city:"anhui"})
```

执行下面查询。

```
mongos> db.users.find({city:"anhui",username:"lili5"}).explain()
```

输出信息如下。

```
{
"clusteredType" : "ParallelSort",
"shards" : {
"rs1/GUO:40003,GUO:40004" : [
{ //只查询了片 rs1
"cursor" : "BtreeCursor city_1", //利用了片键索引
"isMultiKey" : false,
```

```
"n" : 1,
"nscannedObjects" : 10, //扫描文档总数
"nscanned" : 10,
"nscannedObjectsAllPlans" : 20,
"nscannedAllPlans" : 20,
····· //省略一部分前面已介绍过的内容
"indexBounds" : {//用到的索引及其取值范围
"city" : [
[
"anhui",
"anhui"
]
]
},
"server" : "GUO:40003"
}
]
},
"cursor" : "BtreeCursor city_1",
····· //省略一部分前面已介绍过的内容
"nscanned" : 10,
"nscannedAllPlans" : 20, //所有查询计划中扫描文档总数
"nscannedObjects" : 10,
"nscannedObjectsAllPlans" : 20,
"millisShardTotal" : 0,
"millisShardAvg" : 0,
"numQueries" : 1,
"numShards" : 1,
····· //省略一部分前面已介绍过的内容
"millis" : 0
}
```

这种情况下查询输出与第一种情况有点不一样；首先查询选择器用到了片键字段 city，而且此时此片键值为"anhui"的所有文档都在片 rs1 上，因此查询通过 mongos 路由进程首先就将查询定位到 rs1 片上，不会再去其他片上查询；其次查询用到了片键索引，字段"nscanned"与"nscannedAllPlans"取值不一样，可能是查询计划有多种，所有查询计划下扫描

的文档总和就比字段"nscanned"值要大了。

第三种查询情况：包含片键和索引的查询语句。

像第二种情况下的查询 db.users.find({city:"anhui",username:"lili5"})一样，因为 username 字段上没有索引，所以即使在具体某个片上查询，仍然产生了全表扫描。下面我们先在 username 上创建一个索引，然后再执行此查询语句，观察执行计划输出。

```
mongos> db.users.ensureIndex({username:1}) //创建索引
```

执行查询如下所示。

```
mongos> db.users.find({city:"anhui",username:"lili5"}).explain()
```

输出信息关键部分如下所示。

```
"shards" : {
"rs1/GUO:40003,GUO:40004" : [
{
      "cursor" : "BtreeCursor username_1",
      "isMultiKey" : false,
      "n" : 1, //返回一个文档
      "nscannedObjects" : 1,
      "nscanned" : 1, //只扫描一个文档
      "nscannedObjectsAllPlans" : 4,
      "nscannedAllPlans" : 4,
      "scanAndOrder" : false,
      "indexOnly" : false,
      "nYields" : 0,
      "nChunkSkips" : 0,
      "millis" : 0,
      "indexBounds" : {
      "username" : [
       [
      "lili5",
      "lili5"
      ]
      ]
      },
      "server" : "GUO:40003"
      }
      ]
}
```

从输出结果我们看出，查询首先用片键定位到片 rs1 上，接着利用字段 username 的索引查询集合，扫描的文档数量与返回的文档数量均为 1，查询性能较好。

由上面的三种查询我们可以看出，查询语句中是否包含合理的片键和索引字段，是影响查询性能的关键因素，我们可以通过利用 explain 来分析查询计划进而优化查询语句。

8.2.4 片键选择策略

接下来我们探讨集群里面最后一个重要的问题：片键的选择。前面已经通过一些例子对集群分片有了大致认识，我们知道 MongoDB 是通过片键来路由读写请求操作的，好的路由能得到较好的读写负载均衡。下面我们通过几个不同特性的片键字段展开分析。

第一种情况：升序字段片键。MongoDB 会为每个文档都创建一个默认的_id 字段，这个字段是根据时间戳得到的，因此是一个升序值。假如以这个字段作为片键，所有最新插入的文档根据片键来计算，可能属于同一个区间范围内，因此所有的写操作将被路由到同一个片的同一个 chunk 上，出现局部热点，当这种情形发生时，MongoDB 集群就没有实现我们想要的写负载均衡的目的。

第二种情况：完全随机的片键。这种片键虽然可以解决第一种情况不能分发写操作的问题，但由于太过随机，导致写操作将被分散到整个集群上，维护片键索引时，所有的索引文件将被调入内存，由于物理内存大小的限制，最终将导致频繁地页面换入换出，从而降低系统性能；同时太过随机的片键读操作将太过分散，不够局部化，每一个读操作可能要查询所有的片，这也会影响读的性能。

第三种情况：片键的取值范围有限。就像 8.2.1 中所选择的 city 字段片键，我们插入的数据会按照 city 字段进行分片，由于 city 字段的取值有限，当我们的每一个 city 区间所对应的文档都分割了一个 chunk 时，这个时候继续插入大量的文档，将会出现没有可以再来用于分割的片键值，每一个 chunk 将会不断变大但又不能分割，最终导致集群中的数据严重不平衡。

通过以上三种情况的介绍可见，对于海量数据的读写操作选择一个合适的片键并不容易。一个好的片键应该具有以下特质。

- 分发写操作。
- 读操作不能太过随机化（尽量局部化）。
- 要能保证 chunk 能够一直被分割。

满足这三点要求的片键通常需要由几个字段进行组合，例如对于 8.2.1 中所介绍的 users 集合，如果选择{city:1, _id:1}作为片键，则可以满足我们的需求。city 字段保证同一个 city

下面的文档尽量在同一个片上，即使分布在多个片上，_id 字段也能保证查询或更新操作被定位到同一单独的片上（局部化），同时{city:1, _id:1}也保证了 chunk 总是能够被分割，因为_id:1 总是在变化。

8.3 小结

分片集群上的锁范围局限在每一个片上，而不是整个集群，每一个片上的操作都是独立的，因此不会影响其他片上的操作。分片集群通过路由服务器 mongos 分发读写操作到各个片上，整体上提高了系统的并发性和吞吐量。并不是所有的系统都适合部署成分片集群，只有当数据量很大、读写请求很高时才适合用分片集群。一旦部署成分片集群，那么集群中的每一个片都应该部署成复制集的形式，提高系统的可靠性和故障恢复的能力。分片时片键的选择很重要，不好的片键会降低系统的性能。

第 9 章 分布式文件存储系统

第 7 章介绍了 MongoDB 的复制集，展示它在数据存储中的冗余备份、读写故障转移的功能；第 8 章介绍了 MongoDB 的分片集群，展示它在海量数据存储方面水平扩展、读写均衡的功能；同时，对于 MongoDB 的存储基本单元 BSON 文档对象，字段值可以是二进制类型，就像传统关系数据库中的 BLOB 数据类型。有了这三大特点，MongoDB 可以实现一个储存海量图片、视频、文件资料的分布式文件系统。但这里有个限制，因为 MongoDB 中的单个 BSON 对象目前为止最大不能超过 16MB，所以如果想要存储大于 16MB 的文件，我们就需要用到 MongoDB 提供的 GridFS 功能了。

GridFS 本质上还是建立在以上介绍的 MongoDB 基本功能之上的，只不过它会自动分割大文件，形成许多小块，然后将这些小块封装成 BSON 对象，插入到特意为 GridFS 准备的集合中，下面我们会详细分析 GridFS。因此总体来说，MongoDB 在实际的应用程序中可以满足两个方面的需求，如果文件都是较小的二进制对象，直接存储在 MongoDB 数据库中（少数大文件可以在应用程序端分割）；如果文件绝大部分都是大文件，那么直接使用 MongoDB 的 GridFS 功能就比较方便，下面将分别介绍这两种情况。

9.1 小文件存储

首先考虑有这样一种业务需求，用户可以上传自己的照片、常用的文件（格式如 doc、pdf、excel、ppt 等不限），其中单个照片、文件绝大部分小于 16MB；要能支持大用户量的需求，对于这种需求，直接使用 MongoDB 的二进制存储功能。

到目前为止，我们在 BSON 对象中的插入的值类型还没有二进制的例子，因此要将一个文件存储到 MongoDB 中就需要先得到文件对应的二进制值，然后构造一个 BSON 对象，插入到数据库中。文件的二进制值在 MongoDB 提供的各种驱动程序的编程语言中可以得到。下面我们看看如何用C#驱动的实现这种需求。

```
//实例化一个客户端的连接属性实例
MongoClientSettings clientSetting = new MongoClientSettings();
//设置mongos地址，作为集群的对外的接口
MongoServerAddress ServerAddr = new MongoServerAddress("Guo", 40009);
clientSetting.Server = ServerAddr;
MongoClient client = new MongoClient(clientSetting);//根据设置的属性，实例
化一个客户端
MongoServer server = client.GetServer();//得到一个与集群连接的实例
//获得一个与具体数据库连接对象,数据库名为eshop
MongoDatabase mydb = server.GetDatabase("eshop");
//获得数据库中的表对象,即userDocument表
MongoCollection mydbTable = mydb.GetCollection("userDocument");
byte[] fileContent = FileRead("D:\\linux系统编程+中文版.pdf"); //将文件转为
字节数组
//准备一条数据，即声明一个文档对象
BsonDocument doc = new BsonDocument
  {
    {"userid",2},
    {"filename","linux_system_programming"}, //入库后文件名
    {"filettype","pdf"},  //文件类型
    {"content",new BsonBinaryData(fileContent)},//将字节数组转为二进制
    {"size",fileContent.Length} //文件长度
  };
mydbTable.Insert(doc);  //将document对象插入到数据库中
```

上面FileRead是用C#编写的将一个文件转换为字节数组的函数，关键代码如下。

```
public static byte[] FileRead(string fileName)
{
  FileStream fs = new FileStream(fileName, FileMode.Open, FileAccess.Read);
  byte[] buffur = new byte[fs.Length];
  fs.Read(buffur, 0, (int)fs.Length);
  fs.Close();
  return buffur;
}
```

上面代码成功执行后，我们来查看数据库。

```
mongos> db.userDocument.find({}, {content:0} )
{ "_id" : ObjectId("52284bc7470d3d27286cc0ac"), "userid" : 2, "filename" : "linu
x_system_programming", "filettype" : "pdf", "size" : 1916159 }
```

从上面结果可知，代码将一个磁盘上的 PDF 格式的文件上传到分布式的集群中，其集合 userDocument 中的字段 content 以二进制的形式保存了文件的全部内容，其中，查询命令中的{content:0}表示不返回此字段的值，因为此值可能很长，在界面上显示比较困难。

下面再看一段客户端从集群上获取文件到本地文件系统的代码，关键代码如下。

```
//构造一个查询条件
 QueryDocument query = new QueryDocument("filename", "linux_system_programming");
//返回匹配查询条件的第一个文档
 BsonDocument result = mydbTable.FindOneAs<BsonDocument>(query);
 FileWrite(result["content"].AsByteArray);//将字节数组写入文件
```

代码中 result["content"].AsByteArray 是将读取到的 BSON 对象中的 result["content"]二进制内容转换为字节数组；FileWrite 函数是用 C#封装的将字节数据写到文件函数，如下所示。

```
public static void FileWrite(byte[] bytes)
 {
   FileStream fs = new FileStream("D:\\test.pdf", FileMode.Create,
FileAccess.Write);
   fs.Write(bytes, 0, bytes.Length);
   fs.Close();    //关闭资源
 }
```

通过上面的例子我们可知，MongoDB 可以直接作为一个存储小文件（单个文件小于 16MB）的分布式文件系统，主要依赖于以下三点。

- MongoDB 可以直接存储二进制数据。
- MongoDB 可以部署成分片集群，实现海量数据存储、读写分离。
- 集群中的片可以部署成复制集，保证数据的可靠性。

9.2 GridFS 文件存储

现实应用中还有些大文件要存储，比如视频文件，通常单个文件的大小就超过 16MB，如果按照 9.1 节介绍的思路来存储这样的文件，我们可以先在客户端对这些大文件进行分割，然后再将分割后的每个小文件存储到 document 对象中，同时我们必须设计一种合理的方式来管理这些分割的文件（如元数据的管理），使客户端的应用程序对此大文件的读写透明化。MongoDB 考虑到了这种存储需求，设计了 GridFS 的分布式文件系统，GridFS 是基于 MongoDB 的数据库、集合、文档对象这些最核心的基础要素开发的，因此前面所有介绍的 MongoDB 的功能特性在 GridFS 都适用，同时为了更好地理解 GridFS，这些基础知识也必须先了解。

为实现 GridFS 的功能，MongoDB 为每种驱动程序提供了新的文件读写 API 接口以及一个 mongofiles 的命令行工具，下面我们对 GridFS 的架构给出命令行工具的使用和一个驱动程序的 API 接口例子。

当上传一个大文件到 GridFS 系统时，MongoDB 自动将文件分割成默认大小为 256KB 的小块（注意这个地方块与分片集群中的块不一样，后者默认大小为 64MB），然后将这些小块插入到数据库默认的集合 fs.chunks 中，同时将整个大文件的元数据信息插入到数据库的集合 fs.files 中，这两个集合中的字段结构如下。

```
mongos> db.fs.files.find()
{ "_id" : ObjectId("5226b8af5171173ebfe829ba"), "filename" : "mysql5.2.pdf", "chunkSize" : 262144, "uploadDate" : ISODate("2013-09-04T04:36:48.777Z"), "md5" : "
367c80f576cd5e682189f002c40d90b7", "length" : 75819987 }
```

这条记录表示上传的文件 mysql5.2.pdf 的元数据信息，其中主键字段"_id"、"filename"表示文件名，"length"表示整个文件的长度，"chunkSize"表示分割的块大小。

```
mongos> db.fs.chunks.find({},{data:0})
{ "_id" : ObjectId("5226b8b0bd1e2a0bd563a171"), "files_id" : ObjectId
("5226b8af5
171173ebfe829ba"), "n" : 0 }
{ "_id" : ObjectId("5226b8b0bd1e2a0bd563a172"), "files_id" : ObjectId
("5226b8af5
171173ebfe829ba"), "n" : 1 }
```

这里对 fs.chunks 集合的查询过滤掉了字段 data 的显示，因为它的值类型为二进制，数据量大，不方便全部显示；同时 75819987 字节大小的文件按照每个块 256KB 分割后，会生成了 290 个块，上面只列出了第 0 块和第 1 块；"files_id"字段相当于一个外键，是集合 fs.files 中的主键，表示这个块属于哪个文件。最后系统还会在数据库中默认为 fs.files 集合中的字段"filename"创建一个索引，为 fs.chunks 集合中的字段{ "files_id" : 1, "n" : 1 }创建一个组合索引，如下所示。

```
mongos> db.system.indexes.find()
{ "v" : 1, "key" : { "filename" : 1 }, "ns" : "xiaohongdb.fs.files", "name" : "f
ilename_1" }
{ "v" : 1, "key" : { "files_id" : 1, "n" : 1 }, "unique" : true, "ns" : "xiaohon
gdb.fs.chunks", "name" : "files_id_1_n_1" }
```

下面我们看看如何通过 mongofiles 命令行工具来对 GridFS 文件系统进行操作。

1. 将一个大文件上传到集群 GridFS 中 mydocs 数据库中。

```
mongofiles --port 40009 --db mydocs --local D:\算法导论第二版.pdf put algorithm_ introduction.pdf
```

命令 mongofiles 更多选项可以通过 mongofiles–help 查看；--port 40009 表示连接上面已配置好的集群上的路由进程 mongos；--db mydocs 表示要将文档插入到的数据库；--local D:\算法导论第二版.pdf 表示本地文件系统上的文件；put 表示此命令操作是要上传本地文件到 GridFS 文件系统上去；algorithm_introduction.pdf 表示插入到集合 fs.files 中的字段 filename 值。

2. 通过 mongo 连接集群看上传是否成功。

```
use mydocs
db.fs.files.find()
{ "_id" : ObjectId("52294a454b61d3a23560a4a9"), "filename" : "algorithm_ introduc
tion.pdf", "chunkSize" : 262144, "uploadDate" : ISODate("2013-09-06T03:23: 16.024
Z"), "md5" : "bdaa3113f0d315227daf07fb6791a15f", "length" : 50940989 }
```

该显示表示已成功上到集群数据库中。这个时候查询集群的状态信息 sh.status()，我们可以看到增加一行输出：{ "_id" : "mydocs", "partitioned" : false, "primary" : "rs0" }，表示用来存储 GridFS 文件系统中数据的数据库是 mydocs，且此数据库未支持分片，默认情况下此数据库上的所有集合都存储到集群的片 rs0 上。

3. 从集群上的 GridFS 读取文件到本地文件系统。

```
mongofiles --port 40009 --db mydocs --local D:\算法导论第二版 123.pdf get
algorithm_introduction.pdf
```

4. 查询集群中 GridFS 某个文件是否存在。

```
mongofiles --port 40009 --db mydocs search algorithm_introduction.pdf
```

5. 删除集群中 GridFS 上的某个文件。

```
mongofiles --port 40009 --db mydocs delete algorithm_introduction.pdf
```

下面我们再从应用程序开发的角度，利用 MongoDB 提供的 C#驱动程序的 API 接口，实现对分布式文件系统 GridFS 的操作。

1. 上传文件。

```
    //设置客户端的属性
1   MongoClientSettings clientSetting = new MongoClientSettings();
     //设置属性 Servers 为要连接的实例的地址这里就是 mongos 地址
2   MongoServerAddress ServerAddr = new MongoServerAddress("GUO", 40009);
3   clientSetting.Server = ServerAddr;
4   MongoClient client = new MongoClient(clientSetting);//实例化一个客户端
5   MongoServer server = client.GetServer();//得到一个与集群连接的服务器
6   MongoGridFSSettings setting = new MongoGridFSSettings();//设置
GridFS 的属性
7   setting.Root = "my";        //设置 files 和 chunk 集合的前缀
8   MongoGridFS gfs = new MongoGridFS(server, "mydocs", setting); //实例
化 GridFS 类
```

```
    9   gfs.Upload("D:\\UNIX 网络编程卷 1: 套接字联网 API(第 3).pdf", "unix_network_
program.pdf");//上传文件到 GridFS 所在的集群
```

这段代码的第 7 行是对 GridFS 文件系统进行设置，如集合 files 和 chunks 的前缀（默认是 fs）；还可以设置更多的属性，如 chunk 的大小（默认为 256KB）以及写关注的设置等。通过命令 show collections 查询集群上的 GridFS 可以看到如下两个集合：my.chunks、my.files，同时执行查询 db.my.files.find()，输出如下，说明本地文件在 GridFS 上保存成功。

```
    { "_id" : ObjectId("5229828f470d3d1d98ecccec"), "filename" : "unix_
network_progr
    am.pdf", "length" : NumberLong(89160139), "chunkSize" : 262144,
"uploadDate" : I
    SODate("2013-09-06T07:21:51.292Z"), "md5" : "13da675631302bb4d0f188936cfb4c57" }
```

2. 下载文件。

将上面代码中的第 9 行注释掉，加上如下两行即可将 GridFS 中文件读取到本地文件系统上。

```
        QueryDocument query = new QueryDocument("filename", "unix_network_
program.pdf");
      gfs.Download("D:\\unix 网络编程.pdf", query);
```

3. 删除文件。

将上面代码中的第 9 行注释掉，加上如下两行即可将 GridFS 中文件读取到本地文件系统上。

```
        QueryDocument query = new QueryDocument("filename", "unix_network_
program.pdf");
        gfs.Delete(query);
```

注意，删除文件只是删除了集合 my.files 和 my.chunks 中的内容，集合本身还会存在。以上从命令行和驱动 API 接口两个方面分析 GridFS 文件系统的功能，同时结合第 9.1 节介绍的小文件存储方案，我们可以实现一个存储海量数据的分布式文件存储方案，对于用户上传的任何文件，在客户端进行判断，如果单个文件大小小于 16MB，那么就直接存储 MongoDB 的普通集合中，如果上传的单个文件较大，则可以上传到 GridFS 中，利用 xxx.files 集合与 xxx.chunks 集合来保存大文件；当用户需要下载文件时根据不同文件大小属性到不同的集合中去查找，不管怎么样，普通数据库、集合与 GridFS 上的数据库、集合本质上是一样的。

普通的数据库、集合在集群上的分片部署在第 8 章已经详细分析过，对于 GridFS 上的集合我们可以对 xxx.chunks 进行分片存储，片键可以选择其上索引字段{ "files_id" }，其中字段"files_id" 字段尽量保证了此文件的所有被分割的块都在同一个片上；xxx.files 不需要分片，因为此集合只是保存的文件的元数据信息，数据量不大，同时我们可以设置 GridFS 上的默认块的大小（256KB）。

其实 GridFS 并不适合小文件的存储，因为从 GridFS 中读取数据会涉及到两次查询操作，如图 9-1 所示，根本上来说 GridFS 适合大文件的存储。

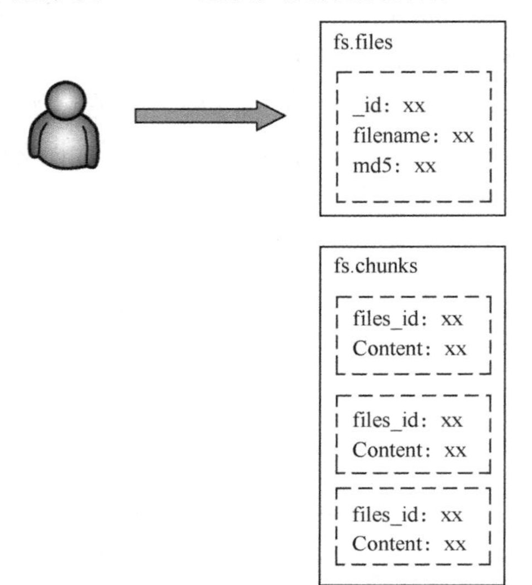

图 9–1　需要两次查询操作读取 GridFS 系统里面的文件

这里再次强调一点就是，文件被分割的块默认大小是 256KB，集群上分块的块大小默认是 64MB，这两个概念虽然英文单词对应的都是 chunk，但本质上是两个不同的东西，集群上分块的依据是片键，将键值在一定范围内的文档对象组合成一个逻辑上的块，这些块的元数据库被保存在集群的配置服务器上。

GridFS 相当于一个文件系统，它会对大文件进行分块，这些块包含了文件的部分信息，所有块的内容组合起来就是原始文件对应的二进制数据，块的元数据信息被保存在集合 xxx.files 中。

9.3 小结

对于在 MongoDB 中存储大于 16MB 的文件，我们应该用 GridFS 系统，它的性能要比操作系统的文件系统高效，操作系统的文件系统一般会限制一个目录下文件数量，而 GridFS 中没有这样的限制。对于小于 16MB 的文件直接利用 MongoDB 的文档对象进行存储来的更高效，可以用二进制数据类型存储图片、视频等文件。GridFS 实际上是一个协议规范，在 MongoDB 的文档对象中存储大于 16MB 的文件。

第三部分 监控与管理 MongoDB

任何系统运行后都需要监控与管理，这一部分内容主要从一个 DBA 的角度介绍 MongoDB 的监控与管理，主要从备份恢复、监控、权限控制三个方面进行分析。

第 10 章 本章介绍了数据的导入导出，这是一种文本形式的备份与恢复，接着介绍了二进制 dump 文件形式的备份与恢复，最后针对系统的内存、CPU、I/O 操作等方面介绍了常用的 UNIX 操作系统上的监控命令以及 MongoDB 数据库提供的一些工具与命令的监控。

第 11 章 本章介绍权限控制，这一部分的内容与先前的版本变化较大，现在的权限控制整体思路变得更加清晰，不同的角色权限不一样，我们可以给不同的用户赋予不同的角色，实现按需管理实例上的不同数据库和集合。

第 10 章 管理与监控

应用程序开发完成，业务正常运行后，对于开发人员来说，项目可能结束了，但是对于数据库管理人员来说任务才刚刚开始，如何保证系统高效稳定地运行、同时还要做好各种防范措施是每个 DBA 必须了解的内容。关系数据库里经常使用的各种管理思想同样适合于 MongoDB，例如：有时我们需要将其他数据库或文件中的数据迁移到 MongoDB 中，或者从 MongoDB 中导出数据成某种格式的文件，供其他程序进行分析处理。在生产环境中良好的备份策略也是必需的，它是我们恢复数据库的必杀技。MongoDB 的运行也离不开 CPU、内存、磁盘这三大硬件资源的支持，监控这些资源的使用情况，保障系统高效运行，不要到了最后关头才发现资源不够用了。本章将围绕这些问题展开探索。

10.1 数据的导入导出

MongoDB 的导入导出是利用 mongoexport 和 mongoimport 这两个工具来完成的，本质上它们是实现集合中每一条 BSON 格式的文档记录与本地文件系统上内容为 JSON 格式或 CSV 格式文件的转换，其中 JSON 格式的文件是按行组织内容，每行为一个 json 对象；CSV 格式的文件按行组织内容，第一行为字段名称，每行包含输出的字段值，字段与字段之间用逗号隔开。两种格式的文件都能用文本文件工具打开，而且 CSV 格式的文件默认打开方式为 Excel，下面我们看一些例子。

1. 在正在运行的 mongod 实例中导出记录。

```
mongoexport --port 50000 --db eshop --collection goods --out e:\goods.json
```

上面的命令执行流程为：连接到端口为 50000 的 MongoDB 实例，选择数据库 eshop 及其包含的集合 goods，导出每一行 BSON 文档对象到文件 e:\goods.json 中，若集合中包含的原始记录如下所示。

```
> db.goods.find()
{ "_id" : 1, "name" : "htc", "price" : 1999 }
{ "_id" : 2, "name" : "nokia", "price" : 2000 }
```

mongoexport 导出后，我们可以用记事本打开文件 e:\goods.json，查看内容如下。

```
{ "_id" : 1, "name" : "htc", "price" : 1999 }
{ "_id" : 2, "name" : "nokia", "price" : 2000 }
```

由此可知，导出的每一行是以 JSON 格式保存的原集合中对应的每一条 BSON 格式的文档对象。

mongoexport 默认情况下是将文档导出成每行记录为 JSON 格式的文件，当然 mongoexport 还有其他选项来控制导出文件的格式，如选项--csv 将导出 csv 格式的文件。在指定 csv 选项时，我们必须指定选项--fields 或--fieldFile 两者中的一个，其中--fields 表示需要导出以逗号隔开的字段列表，--fieldFile 是包含需要导出的字段且每行为一个字段名称的文本文件。如下例子所示。

```
mongoexport --port 50000 --db eshop --collection goods-csv --fields name,
price --out :\goods.csv
```

例子将集合中的字段 name,fields 的值导出成 CSV 格式文件 e:\goods.csv，由于 CSV 是以逗号隔开字段值的文本文件，我们可以用普通的记事本或者 Excel 等程序打开，若用记事本打开，显示如下内容。

```
name,price
"htc",1999
"nokia",2000
```

第一行为字段名称，下面每行为对应的 document 中的字段值。

注意：上面这两种导出方式都是在正在运行的 mongod 实例上进行的，会对数据库的性能产生影响，因为它会强制数据库读取所有要导出的数据到内存，包含那些不常使用的数据。

2. mongod 实例没运行，直接从数据库对应的文件中导出。

```
mongoexport --port 50000 --db eshop --collection goods --dbpath
E:\MongoDB- win32-i386-2.6.3\test_single_instance\data-journal --query
{_id:{$gte:5}} --out e:\goods.json
```

这里用到了几个新参数。--dbpath 表示数据库实例存放数据文件的路径；--journal 表示导出会查找 journal 日志文件，在第 5 章中分析过 journal 的功能，因为有可能出现数据库意外宕机，有些数据记录还在日志文件中没有来得及刷新到数据文件中，利用此选项保证导出的数据完整性；--query 表示查询选择器，导出满足条件的记录。同样的道理，下面是一段导出成 CSV 格式文件的命令。

```
mongoexport --port 50000 --db eshop --collection goods --dbpath E:\MongoDB-win32-i386-2.6.3\test_single_instance\data--journal--csv--fields_id,name, price --out e:\goods.csv
```

注意，这种情况下的导出一定要确保没有正在运行 mongod 实例进程连接到--dbpath 所指定的数据文件。

3. 在正在运行的 mongod 实例中导入记录。

导入命令为: mongoimport，可选参数与 mongoexport 类似，如下命令导入内容为 JSON 格式的文件。

```
mongoimport --port 50000 --db eshop --collection goods --file e:\goods.json --type json --upsert
```

参数--file 表示需要导入的文件，--type 表示导入文件的类型，--upsert 表示导入时如果有相同记录，则修改集合中的记录。这里判断相同记录的标准是依据默认的主键字段_id，当然我们可以通过参数--upsertFields 来指定判断记录是否的字段。

导入 csv 文件的命令如下：

```
mongoimport --port 50000 --db eshop --collection goods --file e:\goods.csv --type csv --fields _id,name,price --headerline --upsert
```

其中参数--headerline 与导入的文件内容 CSV 格式时使用，表示文件中的第一行为字段名，不导入，否则会将文件中的第一行当作一条新的记录插入到集合中。

4. mongod 实例没运行，直接导入到数据库对应的文件。

直接导入内容为 JSON 格式的文件，命令如下。

```
mongoimport--port 50000--dbpath E:\MongoDB-win32-i386-2.6.3\test_ single_instance\data --db eshop --collection goods --file e:\goods.json --type json --upsert --journal
```

这里的命令参数表示的含义与前面的例子相同，不再详述。要注意的一点是：在 mongod 实例没有运行的数据库中导入数据，通过参数--journal 控制在导入文件时，也要在 journal 日志文件中插入对数据库的更改动作，保证在 mongod 实例启动后数据的一致性。

直接导入内容为 CSV 格式的文件，命令如下。

```
mongoimport --port 50000 --dbpath E:\MongoDB-win32-i386-2.6.3\test_single_instance\data --db eshop --collection goods --file e:\goods.csv --type csv --fields _id,name,price --headerline --upsert
```

参数的含义与上面例子相同。

通过上面这些例子，我们基本上可以利用 mongoexport 和 mongoimport 这两个工具完成对 MongoDB 数据库常用的导入导出任务了。关于这两个工具的更多可选参数，我们可以通过--help 命令来查看或者参考 MongoDB 手册。但是这两个工具在使用的过程中也有需要特别注意的地方，首先，对正在运行的 mongod 实例进行导入导出操作，会给正常的业务性能带来影响；其次，BSON 包含的数据类型与 JSON 并不完全相同，如 BinData、ObjectId、date、timestamp、regex、data_ref 这几种数据类型，导入导出时会发生转换，如下集合中的记录所示。

```
{ "_id" : 6, "name" : "nokia1020", "content" : BinData(0,"1234") }
{ "_id" : ObjectId("52494bb3a14570572244ce8e"), "name" : "nokia920", "price" : 999 }
```

按照上面的方法导出到 JSON 格式的文件中后，显示内容如下。

```
{ "_id" : 6, "name" : "nokia1020", "content" : { "$binary" : "1234", "$type" : "00" } }
{ "_id" : { "$oid" : "52494bb3a14570572244ce8e" }, "name" : "nokia920", "price" : 999 }
```

比较上面的结果我们可知，BSON 文档里面的 BinData 数据类型转换成了:{ "$binary" : "xxx", "$type" : "xx" }的形式，其他几种数据类型也会发生相应的转换。

最后一点要注意的是，对于嵌套的文档对象，导出成 CSV 各式时，字段的值也是嵌套的，导入时也要注意这一点。

总的来说，MongoDB 提供的这两个导入导出工具 mongoexport 和 mongoimport，当数据量很大时，较适合局部数据的导出，然后对数据进行分析。我们也可以将其他关系数据库(oracle)的数据导出成 CSV 格式后导入到 MongoDB 中，再利用 MongoDB 的 MapReduce 并行数据处理模型对数据进行高效的分析，而对数据库的全量备份并不合适，10.2 节将分析比较全面的备份工具。

10.2 备份与恢复

定期的备份与恢复是所有数据库管理员都应该擅长的任务，对于 MongoDB 来说，除了可以通过第 7 章介绍的复制集来实现数据库的自动主从备份外，我们还可以利用它提供的工具开发一些自动备份脚本，用以完成更加可靠的备份与恢复。当然 MongoDB 的部署方案也会影响到备份的策略，是单节点、复制集，还是分片集群？但总的来说备份可以从两个方面进行，一是从数据库中导出二进制的 dump 文件进行备份，二是在文件系统和操作系统的基础上直接进行数据文件的磁盘快照备份。下面我们先从一般的单节点上介绍 dump 文件的备份恢复方式，然后分析复制集和分片集群的备份与恢复策略，最后介绍基于磁盘快照的备份策略。

10.2.1 单节点 dump 备份与恢复

不管 mongod 实例是否运行，也不管数据库的部署方式是什么，二进制 dump 文件的备份都是利用 mongodump 这个工具来实现的，通过 mongodump --help 命令可以查看到这个工具的常用选项。

1. 备份

命令如：mongodump --port 50000 --db eshop --out e:\bak。

参数--port 表示 mongod 实例监听端口，--db 表示数据库名称，--out 表示备份文件保存目录。通过 mongo 客户端连接到实例上查看 eshop 数据库：show collections，有如下三个集合：goods、orders、system.indexes，当执行完上面的 mongodump 命令后，会在目录 e:\bak 下创建一个子目录 eshop（依据数据库名），同时创建文件 goods.bson、orders.bson、system.indexes.bson、goods.m etadata.json、orders.metadata.json，其中*.bson 文件为备份的数据库中相应集合所包含记录的二进制文件，*.metadata.json 文件包含对应集合上创建的索引元数据（不是索引数据本身，因此利用这些文件恢复数据库时，需要重建索引数据）。上面的命令备份了数据库中的所有集合，而且每个集合对应一个单独的二进制 BSON 文件。mongodump 还有其他可选参数控制备份，常用的如下所示。

- --collection 表示导出某个具体的集合，没指定的话，默认备份数据库全部集合。
- --query 表示备份满足查询条件的集合记录。
- --dbpath 在 mongod 实例未运行时使用，直接指定需要备份的数据库所在的文件目录。
- --journal 通常与--dbpath 一起使用，保证备份的数据具备一致性状态，如在未运行的 mongod 实例上进行备份的命令：mongodump --port 50000 --dbpath E:\MongoDB-win32- i386-2.6.3\t。

```
est _single_instance \data --journal --db eshop --out e:\bak
```

2. 恢复

用 mongorestore 工具对上面的备份的 dump 文件进行恢复，常用的参数如下所示。

--db 表示将 dump 文件重建到哪个数据库下，如果没有指定此参数，则会恢复到原来的备份的数据库上（默认情况会覆盖原来的数据），如下两条命令所示。

```
mongorestore --port 50000 --db neweshop E:\bak\eshop //恢复到新的 neweshop
```

数据库下

mongorestore --port 50000 E:\bak\eshop //恢复到原来的数据库，会产生覆盖

注意：命令的最后一个项是 dump 文件所在的目录。

--drop 表示在恢复数据之前，先删掉此数据库下的所有集合，如下命令所示。

```
mongorestore --port 50000 --drop E:\bak\eshop
```

--collection 表示要恢复具体的哪个集合，不指定的话，会恢复全部集合，如下命令所示。

```
mongorestore --port 50000 --collection goods --db eshop --drop E:\bak\eshop\ goods.bson
```

--dbpath 表示数据库所在的文件路径，一般在未运行的 mongod 实例上执行恢复。

--journal 表示恢复时保证数据的一致性，通常与--dbpath 一起使用，如下命令所示。

```
mongorestore --port 50000 --dbpath E:\MongoDB-win32-i386-2.6.3\test_single_ instance\data --journal E:\bak\neweshop
```

更多参数选项我们可以通过 mongorestore --help 查看。

10.2.2 集群 dump 备份恢复策略

在集群上进行 dump 备份，本质上使用的工具、命令参数选项与在单节点上的是一样的，只是由于部署架构不同，备份策略有所不同。通过第 8 章我们知道，集群中的每个片在生产环境上通常就是一个复制集，因此对集群的备份就可以转化为对各复制集的备份。第 7 章已介绍复制集的成员有 primary 节点、secondary 节点，其中默认情况下读写操作发生在 primary 节点上，因此我们可以锁住 secondary 节点上的数据库，在此实例上进行备份，备份完后解锁此数据库，secondary 节点能自动通过复制集的同步机制与 primary 节点上的数据保持同步，最重要的是这种备份方式不会影响 primary 节点的性能。下面是具体的备份流程。

1. 禁用平衡器，命令：`sh.stopBalancer()`。

因为分片集群上会有一个 balancer 进程在后台维护各个片上数据块数量的均衡，如果不禁用平衡器可能会导致备份数据的重复或缺失。

2. 停止每个片（复制集）上的某个 secondary 节点，利用此节点进行备份；停止其中某个配置服务器（所有配置服务器的数据一样），保证备份时配置服务器上元数据不会改变，备份时可以当作一个单节点的实例，因此命令与 10.2.1 节介绍的完全相同，这里不再重复。

3. 重启所有停掉的复制集成员，它们会自动从 primary 节点上的 oplog 同步数据，最终数据会达到一致性。

4. 重启分片集群的平衡器。

通过 mongo 连接到 mongos 上，执行命令如下。

```
use config
sh.startBalancer()
```

下面我们再看看一个较简单的集群恢复流程。

1. 停止集群上的所有 mongod 实例和 mongos 实例。
2. 利用上面备份的 dump 文件，依次恢复片中的每个复制集，命令与 10.2.1 介绍的相同。
3. 恢复配置服务器。
4. 重启所有 mongod 实例与 mongos 实例。
5. 通过 mongo 连接上 mongos，执行以下命令确保集群是可操作的。

```
db.printShardingStatus()
```

10.3 监控

监控是系统维护人员经常要做的事情，CPU、内存、磁盘空间及其 I/O 频率是最需要监控的地方，MongoDB 提供了一些工具和命令帮助我们更好地监控数据库系统的运行情况，同时我们也可以利用 linux 操作系统上的一些命令来监控主机运行情况。

10.3.1 数据库角度监控命令

1. mongostat 工具

该工具主要捕获和返回数据库上各种操作的统计，如下命令所示。

mongostat --port 50000 -u gyw -p 123456 --authenticationDatabase admin

它返回的字段有以下几个。

- inserts：每秒插入次数。
- query：每秒查询次数。
- update：每秒更新次数。
- delete：每秒删除次数。
- flushes：每秒异步刷新到文件次数。
- mapped：映射的数据文件大小。

- vsize：进程所占的虚拟内存大小。
- res：进程实际占用的物理内存大小。
- faults：每秒产生的缺页错误次数。

2. mongotop 工具

该工具主要监控 MongoDB 实例上最近发生过读写操作的数据库上每一个集合的读写时间或者在每个数据库上的读写锁时间（需要--locks 选项），如下所示。

bin/mongotop --port 50000 -u gyw -p 123456 --authenticationDatabase admin 5

它每隔 5 秒返回统计数据，格式如下。

```
ns                         total       read       write
admin.system.indexes       0ms         0ms        0ms
admin.system.namespaces    0ms         0ms           0ms
admin.system.roles         0ms         0ms        0ms
admin.system.users         0ms         0ms        0ms
admin.system.version       0ms         0ms        0ms
local.startup_log          0ms         0ms        0ms
```

如果加上--locks 选项，则会返回数据库上的读写锁时间信息，如下所示。

bin/mongotop --port 50000 -u root -p 123456 --authenticationDatabase admin 5 --locks

返回结果格式如下。

```
db          total     read      write
test        0ms       0ms       0ms
local       0ms       0ms       0ms
admin       0ms       0ms       0ms
    .       0ms       0ms       0ms
```

3. 数据库命令 serverStatus

这是一个数据库级别的命令，执行语句如：db.serverStatus()，输出有关此实例的各种信息（针对所有此实例上的数据库），下面我们给出常用的输出的字段的解释。

```
"uptime" : 17738 //表示实例进程已激活的总时间，单位为秒
"localTime" : ISODate("2013-10-02T08:40:37.147Z") //表示实例所在服务器的当前时间
"globalLock" : {
"totalTime" : NumberLong("22462240000"), //数据库启动后运行的总时间，单位为微妙
"lockTime" : NumberLong(1494282), //获得全局锁的总时间，单位微妙
"currentQueue" : { //表示因为锁引起读写等待队列数
"total" : 0,
```

```
"readers" : 0, //等待读锁的操作数
"writers" : 0 //等待写锁的操作数
},
"activeClients" : { //连接的激活客户端读写操作的总数
"total" : 0,
"readers" : 0, //激活客户端读操作总数
"writers" : 0 //激活客户端写操作总数
}
},
"mem" : { //表示当前内存使用情况
"bits" : 32, //mongod 运行的目标机器的架构
"resident" : 41, //当前被使用的物理内存总量，单位 MB
"virtual" : 511, //MongoDB 进程映射的虚拟内存大小，单位 MB
"supported" : true, //表示系统是否支持可扩展内存
"mapped" : 192, //映射数据文件所使用的内存大小，单位 MB
"mappedWithJournal" : 384 //映射 journaling 所使用的内存大小，单位 MB
}
```

4. 数据库命令 stats

这是一个显示具体某个数据库统计信息的方法，执行语句为 db.stats()，输出如下信息。

```
> db.stats()
{
"db" : "eshop", //表示统计的是哪个数据库
"collections" : 6, //在这个数据库中包含的集合总数
"objects" : 1028, //数据库中所有记录总数
"avgObjSize" : 56.10505836575876, //数据库中文档的平均大小，单位字节
"dataSize" : 57676, //数据库中包含的所有文档记录的总大小
"storageSize" : 114688, //分配给数据库的总的存储空间大小
"numExtents" : 8, //所有集合占用的区间总数
"indexes" : 5, //数据库中创建的索引总数
"indexSize" : 73584, //数据库中索引占用的存储空间总大小
"fileSize" : 50331648, //分配给数据库的数据文件总大小
"nsSizeMB" : 16, //创建数据库时，分配给数据库的命名空间大小
"dataFileVersion" : {
"major" : 4,
```

```
"minor" : 5
},
"ok" : 1
}
```

下面我们再总结一下影响数据库性能的几个重要因数。

1. 锁

MongoDB 用一个锁确保数据的一致性。但如果某种操作长时间运行，其他请求和操作将不得不等待这个锁，导致系统性能降低。为了验证是否由于锁降低了性能，我们可以检查 serverStatus 输出的 globalLock 部分的数据。如果参数 globalLock.currentQueue.total 的值一直较大，说明系统中有许多请求在等待锁，同时表明并发问题影响了系统的性能。

如果 globalLock.totalTime 的值与 uptime 的值相近，说明数据库在锁状态占用了系统大量时间。如果 globalLock.ratio 的值也高，说明数据库处理了大量的长查询，引起长查询的因数主要有：索引使用不恰当甚至低效，数据库的设计没有优化，查询语句本身结构性能低下，系统架构有问题等。

2. 内存

MongoDB 通过内存映射数据文件，如果数据集很大，MongoDB 将占用所有可用的系统内存。正是由于内存映射机制将内存的管理交给操作系统来完成，简化了 MongoDB 的内存管理，提高了数据库系统的性能，但是由于不能确定数据集的大小，需要多少内存也是个未知之数。

通过 serverStatus 输出的关于内存使用状态方面的数据，我们能够深入地了解内存使用情况。检查参数 mem.resident 的值，如果超过了系统内存量并且还有大量的数据文件在磁盘上，表明系统内存过小；检查 mem.mapped 的值，如果这个值大于系统内存量，那么针对数据库的一些读操作将会引起操作系统的缺页错误，内存的换入换出将会降低系统的性能。

3. 缺页错误

当 MongoDB 请求的数据不在物理内存中、必须从虚拟内存读取时，就会引起缺页错误。为了检查缺页错误，我们可以检查 serverStatus 输出项中 extra_info.page_faults 的值。单次的缺页错误对系统来说并不是问题，操作系统虚拟内存的工作原理就是这样的，可是大量的缺页错误就有问题了，它表明 MongoDB 要读取的数据很多不在内存中，需要从磁盘上去读取。增加系统内存量可以降低缺页错误的次数，但是单台机器的物理内存毕竟是有限的，而我们的数据文件通常都比内存要大。为了解决这个问题，我们可以部署分片集群。

4. 连接数

有时候，客户端的连接数超过了 MongoDB 数据库服务器处理请求的能力，这也会降低系统的性能，我们可以通过 serverStatus 输出的关于连接数方面的参数进一步分析。参数 globalLock.activeClients 表示当前正在进行读写操作客户端连接数，current 表示当前客户端到数据库实例的连接数，available 表示可用连接数。对于读操作大的应用程序，我们可以增加复制集成员数，将读操作分发到 secondary 节点上；对与写操作大的应用程序，可以通过部署分片集群来分发写操作。

10.3.2 操作系统角度监控命令

生产环境的部署通常是在 UNIX 或 Linux 平台上，类 UNIX 操作系统提供了一些强大的命令来监控系统的运行情况。这些命令不仅可以作为 MongoDB 系统的监控使用，也是其他数据库系统管理员、Linux 系统运维人员经常使用的工具。

1. top 命令

top 命令是最流行 UNIX/Linux 的性能工具之一，系统管理员可用运行 top 命令监视进程和 Linux 整体性能，即时显示 process 的动态。

使用权限：所有使用者。

使用方式：top [-] [d delay] [q] [c] [S] [s] [n]。

可选参数详细说明如下。

- d：改变显示的更新速度。
- q：没有任何延迟的显示速度，如果使用者是有 superuser 的权限则 top 将会以最高的优先序执行。
- c：切换显示模式，共有两种模式，一种是只显示执行档的名称，另一种是显示完整的路径与名称。
- s：安全模式，将交谈式指令取消，避免潜在的危机。
- i：不显示任何闲置（idle）或无用（zombie）的进程。
- n：更新的次数，完成后将会退出 top。
- b：批次档模式，搭配“n”参数一起使用，可以用来将 top 的结果输出到档案内。

显示更新十次后退出，如下所示。

```
top -n 10
```

使用者将不能利用交谈式指令来对进程下命令。

```
top -s
```

将更新显示二次的结果输入到名称为 top.log 的档案里，如下所示。

```
top -n 2 -b > top.log
```

对下面 top 的输出进行说明，如下所示。

```
top - 10:38:10 up 4 days, 17:37, 1 user, load average: 0.23, 0.14, 0.10
Tasks: 429 total, 1 running, 428 sleeping, 0 stopped, 0 zombie
Cpu(s): 0.0%us, 0.1%sy, 0.0%ni, 99.8%id, 0.0%wa, 0.0%hi, 0.0%si, 0.0%st
Mem: 20605080k total, 2020484k used, 18584596k free, 324324k buffers
Swap: 22708216k total, 0k used, 22708216k free, 546292k cached
PID USER PR NI VIRT RES SHR S %CPU %MEM TIME+ COMMAND
```

第一行：

- 10:38:10　表示当前系统时间。
- up 4 days, 17:37 表示系统已经运行了 4 天 17 小时 37 分钟（在这期间没有重启过）。
- 1 user 表示当前有 1 个用户登录系统。
- load average: 0.23, 0.14, 0.10 表示 load average 后面的三个数分别是 1 分钟、5 分钟、15 分钟的负载情况。

第二行：

Tasks 表示任务（进程），系统共有 429 个进程，其中处于运行中的有 1 个，428 个在休眠（sleep），stoped 状态的有 0 个，zombie 状态（僵尸）的有 0 个。

第三行：CPU 状态。

- 0.0% us 表示用户空间占用 CPU 的百分比。
- 0.1% sy 表示内核空间占用 CPU 的百分比。
- 0.0% ni 表示改变过优先级的进程占用 CPU 的百分比。
- 99.8% id 表示空闲 CPU 百分比。
- 0.0% wa 表示 IO 等待占用 CPU 的百分比。
- 0.0% hi 表示硬中断（Hardware IRQ）占用 CPU 的百分比。
- 0.0% si 表示软中断（Software Interrupts）占用 CPU 的百分比。

第四行：内存状态。

- 20605080k total 表示物理内存总量（20GB）。
- 2020484k used 表示使用中的内存总量（2GB）。
- 18584596k free 表示空闲内存总量（18M）。
- 324324k buffers 表示缓存的内存量 （320M）。

第五行：swap 交换分区。

- 22708216k 20total 表示交换区总量（22GB）。
- 0 used 表示使用的交换区总量（0MB）。
- 22708216k free 表示空闲交换区总量（22GB）。
- 546292k cached 表示缓冲的交换区总量（500MB）。

第六行以下：各进程（任务）的状态监控。

- PID 表示进程 id。
- USER 表示进程所有者。
- PR 表示进程优先级。
- NI 表示 nice 值，负值表示高优先级，正值表示低优先级。
- VIRT 表示进程使用的虚拟内存总量，单位 kb，VIRT=SWAP+RES。
- RES 表示进程使用的、未被换出的物理内存大小，单位 kb，RES=CODE+DATA。
- SHR 表示共享内存大小，单位 kb。
- S 表示进程状态。D 为不可中断的睡眠状态，R 为运行状态，S 为睡眠状态，T 为跟踪/停止状态，Z 为僵尸进程。
- %CPU 表示上次更新到现在的 CPU 时间占用百分比。
- %MEM 表示进程使用的物理内存百分比。
- TIME+ 表示进程使用的 CPU 时间总计，单位 1/100 秒。
- COMMAND 表示进程名称（命令名/命令行）。

2. free 命令

查看当前系统内存的使用情况，它显示系统中剩余及已用的物理内存和交换内存，还包括共享内存和被核心使用的缓冲区。

```
[root@localhost ~]# free
total used free shared buffers cached
Mem: 515740 455452 60288 0 61456 311040
-/+ buffers/cache: 82956 432784
Swap: 1020116 0 1020116
```

第一行：

- total 表示内存总数：515740。
- used 表示已经使用内存数：455452。
- free 表示剩余内存数：60288。
- shared 总是 0，已经废弃不用。
- buffers buffer cache 表示内存数：61456。

- cached page cache 表示内存数：311040。

注：total=used+free。

第二行：

- -buffers/cache 的内存数：82956（等于第 1 行的 used - buffers - cached）。
- +buffers/cache 的内存数: 432784（等于第 1 行的 free + buffers + cached）。

由上我们可以看出，-buffers/cache 反映的是被系统实际使用掉的内存，而+buffers/cache 反映的是可以利用的内存总数。

第三行：

swap 与 top 命令输出的一样，见上面的描述。

3. iostat 命令

iostat 用于输出 CPU 和磁盘 I/O 相关的统计信息。

直接执行 iostat 可以显示下面内容。

```
# iostat
Linux 2.6.9-8.11.EVAL (ts3-150.ts.cn.tlan)      08/08/2007

avg-cpu:  %user   %nice    %sys %iowait   %idle
          12.01    0.00    2.15    2.30   83.54

Device:          tps   Blk_read/s   Blk_wrtn/s   Blk_read   Blk_wrtn
hda             7.13       200.12        34.73     640119     111076
```

各个输出项目的含义如下。

avg-cpu 段：

- %user：表示在用户级别运行所使用的 CPU 的百分比。
- %nice：表示 nice 操作所使用的 CPU 的百分比。
- %sys：表示在系统级别（kernel）运行所使用 CPU 的百分比。
- %iowait：表示 CPU 等待硬件 I/O 时所占用 CPU 百分比。
- %idle：表示 CPU 空闲时间的百分比。

Device 段：

- tps：表示每秒钟发送到的 I/O 请求数。
- Blk_read /s：表示每秒读取的 block 数。
- Blk_wrtn/s：表示每秒写入的 block 数。
- Blk_read：表示读入的 block 总数。

- Blk_wrtn：表示写入的 block 总数。

iostat 命令可选参数说明如下。

- -c 仅显示 CPU 统计信息，与-d 选项互斥。
- -d 仅显示磁盘统计信息，与-c 选项互斥。
- -k 以 K 为单位显示每秒的磁盘请求数，默认单位块。

-p device | ALL 与-x 选项互斥，用于显示块设备及系统分区的统计信息，也可以在-p 后指定一个设备名，如下所示。

iostat -p had

它或者可以显示所有设备，如下所示。

iostat -p ALL

-t：在输出数据时，打印搜集数据的时间。

-V：打印版本号和帮助信息。

-x：输出扩展信息。

- iostat 输出项目说明如下。
- Blk_read：读入块的当总数。
- Blk_wrtn：写入块的总数。
- kB_read/s：每秒从驱动器读入的数据量，单位为 K。
- kB_wrtn/s：每秒向驱动器写入的数据量，单位为 K。
- kB_read：读入的数据总量，单位为 K。
- kB_wrtn：写入的数据总量，单位为 K。
- rrqm/s：将读入请求合并后，每秒发送到设备的读入请求数。
- wrqm/s：将写入请求合并后，每秒发送到设备的写入请求数。
- r/s：每秒发送到设备的读入请求数。
- w/s：每秒发送到设备的写入请求数。
- rsec/s：每秒从设备读入的扇区数。
- wsec/s：每秒向设备写入的扇区数。
- rkB/s：每秒从设备读入的数据量,单位为 K。
- wkB/s：每秒向设备写入的数据量,单位为 K。
- avgrq-sz：发送到设备的请求的平均大小，单位是扇区。
- avgqu-sz：发送到设备的请求的平均队列长度。
- await：I/O 请求平均执行时间.包括发送请求和执行的时间，单位是毫秒。
- svctm：发送到设备的 I/O 请求的平均执行时间，单位是毫秒。

- %util：在 I/O 请求发送到设备期间，占用 CPU 时间的百分比.用于显示设备的带宽利用率 ，当这个值接近 100%时，表示设备带宽已经占满。

iostat 几个使用案例如下。

```
# iostat
```

该例显示一条统计记录，包括所有的 CPU 和设备。

```
# iostat -d 2
```

该例每隔 2 秒，显示一次设备统计信息。

```
# iostat -d 2 6
```

该例每隔 2 秒，显示一次设备统计信息，总共输出 6 次。

```
# iostat -x hda hdb 2 6
```

该例每隔 2 秒显示一次 had，hdb 两个设备的扩展统计信息，共输出 6 次。

```
# iostat -p sda 2 6
```

该例每隔 2 秒显示一次 sda 及上面所有分区的统计信息，共输出 6 次。

10.3.3 Web 控制台监控

MongoDB 提供了一个基于 HTTP 协议的 Web 监控端口，这个端口号比 mongod 启动时设置的端口号大 1000，如默认情况下 mongod 监控的端口为 27017，则此 Web 监控端口为 28017。在 MongoDB 版本 2.6 以前，这个 Web 监控端口默认是打开的，版本 2.6 以后默认情况下为关闭，需要指定启动参数 httpinterface = true 打开。修改启动配置文件如下。

```
dbpath = D:\worksoft\mongodb-win32-i386-2.6.3\test_single_instance\data
logpath = D:\worksoft\mongodb-win32-i386-2.6.3\test_single_instance\
logs\123.log
journal = true
port = 50000
auth = true
httpinterface = true
```

重新启动 mongod 实例，如下所示。

```
>mongod --config D:\worksoft\mongodb-win32-i386-2.6.3\test_single_instance\
123.conf
```

在浏览器中输入：http://localhost:51000 即可看到如图 10-1 所示的监控概览图。

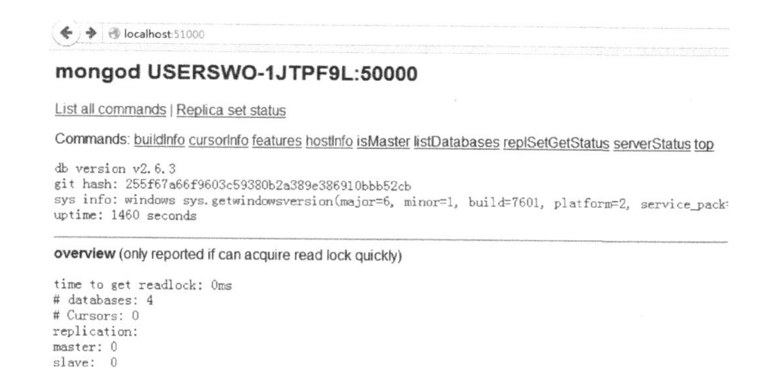

图 10-1 Web 控制台监控概览图

监控输出项说明如下。

- db version：表示当前实例的版本。
- git hash：表示实例版本开发的标识。
- sys info：表示 mongod 的编译环境。
- uptime：表示 mongod 实例启动后运行的时间。
- #databases：表示此实例上运行的数据库总数。
- #Cursors：表示客户端的游标数。

图 10-2 为 Web 控制台返回的客户端和数据库监控信息。

clients

Client	OpId	Locking	Waiting	SecsRunning	Op	Namespace	Query
DataFileSync	0		{ waitingForLock: false }		0		
initandlisten	10		{ waitingForLock: false }		2002	local.startup_log	
clientcursormon	5		{ waitingForLock: false }		0		
journal	2		{ waitingForLock: false }		0		
snapshotthread	4		{ waitingForLock: false }		0		
TTLMonitor	357		{ waitingForLock: false }		2004	neweshop.system.indexes	{ expireAfterSeconds: { $exists: true } }
RangeDeleter	7		{ waitingForLock: false }		0		
conn6	353		{ waitingForLock: false }		2004		{ isMaster: 1.0, forShell: 1.0 }
websvr	11		{ waitingForLock: false }		0	neweshop	

dbtop (occurrences|percent of elapsed)

NS	total		Reads		Writes		Queries		GetMores		Inserts		Updates		Removes	
TOTAL	29	0.0%	29	0.0%	0	0%	4	0.0%	0	0%	0	0%	0	0%	0	0%
	25	0.0%	25	0.0%	0	0%	0	0%	0	0%	0	0%	0	0%	0	0%
haoyf.system.indexes	1	0.0%	1	0.0%	0	0%	1	0.0%	0	0%	0	0%	0	0%	0	0%
admin.system.indexes	1	0.0%	1	0.0%	0	0%	1	0.0%	0	0%	0	0%	0	0%	0	0%
local.system.indexes	1	0.0%	1	0.0%	0	0%	1	0.0%	0	0%	0	0%	0	0%	0	0%
neweshop.system.indexes	1	0.0%	1	0.0%	0	0%	1	0.0%	0	0%	0	0%	0	0%	0	0%

write lock % time in write lock, by 4 sec periods

0 0 0 0 0 0 0 0 0 0 0 0 0 0 0 0 0 0 0 0 0 0 0 0 0 0 0 0 0 0 0 0 0 0 0 0 0 0 0 0 0 0 0 0 0 0 0 0 0 0 0 0 0 0 0 0 0 0 0 0 0 0 0 0 0 0 0 0 0 0 0 0 0 0 0 2880826301 353763682

图 10-2 Web 控制台客户端和数据库监控信息图

dbtop 表示 mongod 实例花在每一个集合上的时间。

上面的 Web 控制台返回的监控信息只是一个大概且有限的，例如图 10-2 上的链接 Replica set status 等打不开。为了获得这些信息，我们需要在 mongod 实例启动的时候加上 --rest = true 的选项，这个选项默认情况下也是关闭的，在生产环境中建议不要打开此选项，重新设置配置文件，再启动 mongod 实例。

配置文件内容现在如下所示。

```
dbpath = D:\worksoft\mongodb-win32-i386-2.6.3\test_single_instance\data
logpath = D:\worksoft\mongodb-win32-i386-2.6.3\test_single_instance\logs\123.log
journal = true
port = 50000
auth = true
httpinterface = true
rest = true
```

重新启动 mongod 实例。

```
>mongod --config D:\worksoft\mongodb-win32-i386-2.6.3\test_single_instance\123.conf
```

在浏览器里面输入地址：http://localhost:51000/，此时首页上的链接都能够点击并显示相应监控信息。

单击“listDatabases”按钮，显示当前实例上所有数据库信息，如图 10-3 所示。

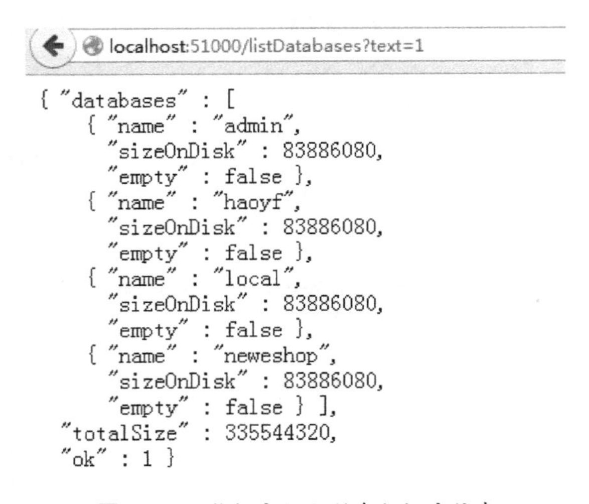

图 10-3 监控实例上所有数据库信息

单击“Commands”按钮，返回当前实例支持的命令项，如图 10-4 所示。

Home

MongoDB List of Commands

S:slave-ok R:read-lock W:write-lock A:admin-only

Command	Attributes	
_isSelf	S	{ _isSelf : 1 } INTERNAL ONLY
_mergeAuthzCollections	A	Internal command used by mongorestore for updating user/i
_migrateClone	A	internal
_recvChunkAbort	A	internal
_recvChunkCommit	A	internal
_recvChunkStart	A	internal
_recvChunkStatus	A	internal
_transferMods	A	internal
aggregate		{ pipeline: [{ $operator: {...}}, ...], explain: See http://dochub.mongodb.org/core/aggregation for more

图 10-4　返回实例上支持的各种命令

10.4　小结

我们在监控部分要重点注意内存使用量的变化，MongoDB 利用操作系统自带的内存映射机制，将数据文件映射到虚拟地址空间中；如果试图访问内存映射的文件不在物理内存中，就会产生“缺页”错误，操作系统会将长时间没有用到的数据写到磁盘中，腾出内存空间，接着从磁盘上读取数据文件，将它加载到内存中。与直接从内存获取文件，这个动作要慢很多，如果出现大量的“缺页”错误，系统性能会大大降低。通常磁盘上的数据文件总大小会大于从数据库返回的数据总量，这是因为 MongoDB 采取了预分配机制，保证了数据库性能。

第 11 章 权限控制

11.1 权限控制 API

到目前为止，数据库都处于“裸奔”的状态，任何用户都可以连接到任何数据库并进行 CRUD 操作。像关系数据库一样，不同的用户应该有不同的权限来操作数据库，MongoDB 提供了一套权限控制的 API 来实现这样的需求。

11.1.1 针对所有数据库的角色

mongod 实例启动后，默认情况下并没有打开权限认证的功能，即使配置文件里面显示的指定了 auth = true，需按以下内容的配置文件启动 mongod 实例。

配置文件 123.conf 的内容。

```
dbpath = D:\worksoft\mongodb-win32-i386-2.6.3\test_single_instance\data
logpath = D:\worksoft\mongodb-win32-i386-2.6.3\test_single_instance\
logs\123.log
journal = true
port = 50000
auth = true
```

启动 mongod 命令，如下所示。

```
>mongod --config D:\worksoft\mongodb-win32-i386-2.6.3\test_single_instance\123.conf
```

此时并不需要权限认证，我们可以直接通过 mongo 客户端连接数据库，见如下操作。

```
>mongo --port 50000
> show dbs
```

输出结果如下。

```
admin  (empty) //空的数据库，还没有保存任何权限信息
local  0.078GB //保存了启动日志内容
```

但是 MongoDB 激活权限功能后，所有的客户端连接操作都必须进行权限认证。MongoDB 采用基于角色的权限控制，一个角色是一组权限的集合，一个权限决定了用户对某个数据库可以有哪些操作动作，用户可能有一个或多个角色。如下面命令创建一个用户并赋予 root 角色。

```
> db.createUser(
            {
                user:"gyw",
                pwd:"123456",
                roles:[
                      {role:"root",db:"admin"}
                   ]
              }
            )
```

创建成功后，admin 数据库上将添加一个角色为 root 的用户，root 角色为系统内建的一种角色，这种角色的权限最大，拥有这种角色的用户就是一个超级用户，可以对任何数据库执行任何操作。

用户创建成功后，再执行命令，将会提示没有权限的失败信息，如下所示。

```
> show dbs
2014-08-16T15:38:26.733-0700 listDatabases failed:{
        "ok" : 0,
        "errmsg" : "not authorized on admin to execute command { listDatabases:
1.0 }",
        "code" : 13
} at src/mongo/shell/mongo.js:47
```

我们需要重新以权限认证的方式登录数据库，如下命令所示。

```
>mongo --port 50000 -u gyw -p 123456 --authenticationDatabase admin
```

登录成功后我们可以在 admin 数据库下的 system.user 集合中查看到刚才添加的用户信息，如下所示。

```
> db.system.users.find()
{
```

```
"_id" : "admin.gyw", "user" : "gyw", "db" : "admin",
 "credentials" : { "MONGODB-CR" : "871b1cf91cd1ebb7acf0f4040af47979" },
  "roles" : [ { "role" : "root", "db" : "admin" } ]
}
```

数据库 admin 上保存了针对实例上所有数据库的管理用户，上面的用户 gyw 拥有的角色 root 权限最大，当然还有一些其他角色，权限小一点，但也是针对所有数据库的，如下所述。

- readAnyDatabase 角色：针对所有数据库的只读权限。
- readWriteAnyDatabase 角色：针对所有数据的读写权限。
- userAdminAnyDatabase 角色：针对所有数据库的用户管理权限。
- dbAdminAnyDatabase 角色：针对所有数据库的管理权限。

root 角色相当于上面四个角色的组合，权限最大。

11.1.2 针对单个数据库的角色

上面介绍的在数据库 admin 上添加的用户能管理所有的数据库，如添加一个角色为 root 的超级管理员，这个用户能在 mongod 实例上的所有数据库上执行任何操作。但在一个 mongod 实例上可能有多个数据库，考虑到系统的安全性，每个数据库需要指定一个不同的用户来进行管理，这样就把权限的范围缩小到具体某个数据库上了。如下命令可以为数据库 neweshop 添加一个角色为 dbOwner 的用户，相当于这个数据库上的超级管理员。

```
> db.createUser(
           {
              user:"wjb",
              pwd:"123456",
              roles:[
                   {role:"dbOwner",db:"neweshop"}
                ]
            }
          )
```

创建成功后，我们可以在 admin 数据库上的 system.user 集合中查到如下记录。

```
> db.system.users.find()
{
 "_id" : "neweshop.wjb", "user" : "wjb", "db" : "neweshop",
```

```
"credentials" : { "MONGODB-CR" : "3ec31d8a58e61f450c5988b546dfde4b" },
 "roles" : [
        { "role" : "dbOwner", "db" : "neweshop" }
 ]
}
```

打开一个新的客户端，无权限认证登录，执行如图 11-1 所示的命令。

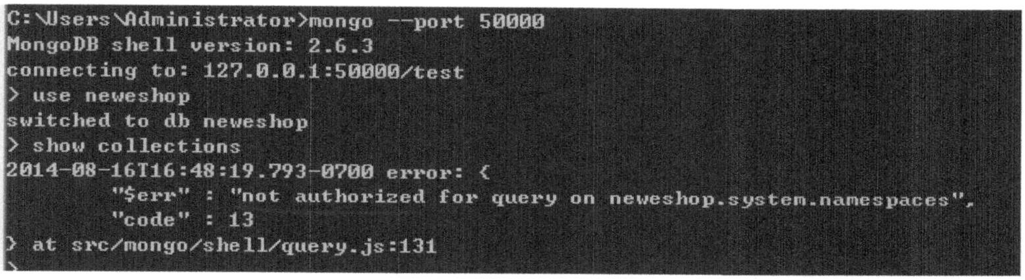

```
C:\Users\Administrator>mongo --port 50000
MongoDB shell version: 2.6.3
connecting to: 127.0.0.1:50000/test
> use neweshop
switched to db neweshop
> show collections
2014-08-16T16:48:19.793-0700 error: {
        "$err" : "not authorized for query on neweshop.system.namespaces",
        "code" : 13
} at src/mongo/shell/query.js:131
>
```

图 11-1　无权限认证执行命令

由图可知，现在数据库 neweshop 需要认证过的用户才能执行相关命令。

下面我们通过权限认证登录，命令如下。

```
>mongo --port 50000 -u wjb -p 123456 --authenticationDatabase neweshop
```

参数 authenticationDatabase 指的是登录用户的角色是针对哪个数据库的。

执行命令如下。

```
> use neweshop
switched to db neweshop
> show collections
```

输出结果如下所示。

```
goods
system.indexes
```

结果能正常显示，与预期的结果一致。

角色 dbOwner 只针对特定的数据库才有权限，因此对其他数据库的操作命令都会抛出没有授权的错误。

针对特定数据库的权限除了 dbOwner 外，还有如下几种。

- dbAdmin 角色：维护此数据库上的系统表和监控数据库的命令。
- userAdmin 角色：维护此数据库上的用户和角色。

11.2 复制集与集群的权限控制

复制集支持 11.1 节所介绍的权限控制 API，但是设置复制集上权限控制需要一些额外的步骤。首先我们需要创建一个含有最少 6 个字符的文件，这个文件将被部署在复制集中的每一个节点上，文件中的内容相当于密码，能够作为复制集中各成员间的权限认证；最后每一个节点启动时，给 mongod 加上启动选项--keyFile，路径指向上面所创建的密码文件，格式如下所示。

```
mongod --keyFile E:\MongoDB-win32-i386-2.6.3\test_single_instance \secret.txt
```

接下来我们可以按照前面介绍的步骤先创建一个超级管理员用户或创建其他数据库上的特定管理员用户。

分片集群的权限控制在复制集基础上延伸，集群中的每个节点都是一个复制集，权限设置步骤和上面介绍的一样，集群中的所有配置服务器和路由服务器权限设置也是利用包含相同的密码文件来实现的；集群中的每个 mongod 和 mongos 进程启动时都加上 keyFile 选项，指向内容相同的密码文件，完成这些设置后，我们就能对整个集群进行统一的权限控制了。

11.3 小结

MongoDB 2.6 版本中重新设计了权限、角色系统，一个角色是一系列权限的组合，有针对所有数据的角色也有针对单个数据库的角色，针对所有数据库的角色一般是管理员角色，字段为"db" : "admin"，针对具体数据库的角色字段为"db" : "neweshop"。

第四部分　应用实践

这一部分的内容主要从如何利用 MongoDB 开发应用程序来介绍。应用程序的开发还涉及到其他技术，这里我们也会提到，尽量保证知识的完整性。

第 12 章　本章介绍官方提供的 PHP 驱动接口，包括如何安装开发环境，使 PHP 与 MongoDB 搭配起来开发程序；还介绍了驱动中的几个核心类，包括如何利用驱动 API 实现增删改查等操作。

第 13 章　作为本书最后一章，本章介绍了作者本人利用 MongoDB 开发的一个高度可定制的电商平台，从功能需求的分析、数据库表设计、封装官方的驱动实现更便于自己操作的类库、项目中用到的其他技术、界面原型设计多角度来展示 MongoDB 的实用性等。

第12章 PHP驱动接口

前面章节介绍了 MongoDB 的核心内容，同时也给出了一些 C#驱动版本下的代码，考虑到在应用程序开发方面使用 PHP 编程语言的通用性，本章将从 PHP 驱动接口的角度全面展示 MongoDB 在应用程序开发方面的强大功能。

本章节主要集中在代码方面，但不局限于代码，我们在充分考虑到生产环境中可能遇到的各种异常与错误后，对代码进行剖析，如果遇到相应的概念不清楚，读者可以参考前面相应章节。如何利用 PHP 在单 mongod 实例上对数据库进行增、删、改、查？如何对复制集进行读写操作？写关注对插入操作的影响有多大？如何对集群进行读写操作？如何存储二进制的小文件？如何利用 GridFS 实现大文件的分布式存储？本章将围绕这些问题利用 PHP 驱动接口从这些方面展开探索。

12.1 开发环境安装

为了便于测试，我们必须先安装好 Apache 和 PHP，具体步骤如下。

1. 下载安装 apache：在官网 http://httpd.apache.org/download.cgi#apache24 下载 httpd-2.2.25-win32-x86-no_ssl.msi 并安装。

2. 下载安装 PHP：在官网 http://windows.php.net/download/#php-5.4 下载 php-5.4.19-Win32-VC9-x86.zip 并解压到 E:\PHP 目录。

3. 配置 PHP。

在下载的 PHP 压缩包中有两个 ini 文件，php.ini-development 和 php.ini-production，官方手册中建议使用 php.ini-production。我们复制所选择的 php.ini-production 并将其重命名为 php.ini，这里将 php.ini-development 复制到 E:\php 并命名为 php.ini，php.ini 中要正确设定 extension_dir 和 doc_root 的值。

这些指令依赖于安装的 PHP 系统，打开 php.ini 文件，搜索"extension_dir"，将这里的 extensions_dir 的值设置成 E:/php/ext，即：extensions_dir = E:/php/ext，这个参数设置的是 PHP 扩展目录存放的位置，第三方的库文件一般放在这里，PHP 调用这些模块时会到这个目录下去查找，如果找不到则会报错。

然后我们在 php.ini 中搜索 "doc_root"，这个是 Web 根目录，Apache 的 doc_root 默认是安装目录的 htdocs 文件夹，比如是 E:\Program Files\Apache Software Foundation\Apache2.2\htdocs，所以设置成 doc_root = E:\Program Files\Apache Software Foundation\Apache2.2\htdocs。

4. 配置 Apache。

将以下三行加入到 Apache 的 httpd.conf 配置文件中，设定 Apache 2.x 的 PHP 模块，以便 Apache 作为 Web 服务器能够找到并调用 PHP 模块。

我们对 PHP 5 用下面这三行。

```
LoadModule php5_module "E:\PHP\php5apache2_2.dll" //PHP 动态链接库的位置
AddType application/x-httpd-php .php
PHPIniDir "E:\PHP" //PHP 的配置路径的路径，即 php.ini 的位置
```

注意，PHP 路径换成我们自己安装的路径，Apache2.2 版本要用 php5apache2_2.dll 。

至此，整个 Apache 下配置 PHP 完成，我们可以建一个包含 phpinfo()函数的 PHP 文件 index.php，测试 PHP 在 Apache 下是否配置成功，测试文件内容如下所示。

```
<?php
echo phpinfo();
?>
```

将此文件 index.php 放到 Apache 的 Web 根目录 E:\Program Files\Apache Software Foundation\Apache2.2\htdocs 下，在浏览中输入 http://localhost/index.php 进行测试，观察输出信息，看是否安装成功。

当安装成功后，接下来我们需要让 PHP 支持 MongoDB 的开发，在 MongoDB 的官网（https://s3.amazonaws.com/drivers.mongodb.org/php/index.html）下载 PHP 驱动模块 php_mongo-1.4.3.zip，解压此文件，选择适合自己所安装的 PHP 版本（这里 PHP 选择的版本是 php-5.4.19-Win32-VC9-x86.zip，因此选择的驱动版本为 php_mongo-1.4.3-5.4-vc9.dll）的库文件，将库文件复制到 PHP 的扩展目录 ext 下，同时修改 PHP 的配置文件 php.ini，添加如下一行内容。

```
extension =php_mongo-1.4.3-5.4-vc9.dll
```

重启 Apache 服务器，观察 phpinfo 函数的输出，如果输出信息包含图 12-1 所示的内容，表示 PHP 可支持开发 MongoDB 的应用程序了。

mongo

MongoDB Support	enabled
Version	1.4.3
SSL Support	enabled
Streams Support	enabled

Directive	Loval Value	Master Value
mongo.allow_empty_keys	0	0
mongo.chunk_size	262144	262144
mongo.cmd	$	$
mongo.default_host	localhost	localhost
mongo.default_port	27017	27017
mongo.is_master_interval	15	15
mongo.long_as_object	0	0
mongo.native_long	0	0
mongo.ping_interval	5	5

图 12-1 PHP 支持的 MongoDB 驱动信息

为了更加方便地编码、调试代码，我们还需要安装一些工具，如下所述。

zend-eclipse-php-3.2.0-Win32.zip 是一个支持 PHP 开发的 Eclipse 集成环境，下载地址为：http://www.zend.com/en/company/community/pdt/downloads。

php_xdebug-2.2.2-5.4-vc9.dll 是一个支持调试 PHP 代码的库文件，下载地址为：http://xdebug.org/download.php。

最后我们修改 PHP 的配置文件 php.ini，使其支持 Xdebug 的调试，添加如下内容。

```
zend_extension=E:\PHP\php_xdebug-2.2.2-5.4-vc9.dll
xdebug.remote_enable=On
xdebug.remote_autostart=On
xdebug.remote_handler=dbgp
xdebug.remote_host=localhost
xdebug.remote_port=9000
xdebug.remote_mode=req
```

注意，zend_extension 一定要指向前面下载的 php_xdebug-2.2.2-5.4-vc9.dll 文件所在的目录，再次执行 phpinfo 函数，如果输出信息包含图 12-2 所示内容，表示集成开发环境成功支持 Xdebug 调试了。

Debug Build	no
Thread Safety	enabled
Zend Signal Handling	disabled
Zend Memory Manager	enabled
Zend Multibyte Support	disabled
IPv6 Support	enabled
DTrace Support	disabled
Registered PHP Streams	php, file, glob, data, http, ftp, zip, compress.zlib, phar
Registered Stream Socket Transports	tcp, udp
Registered Stream Filters	convert.iconv.*, mcrypt.*, mdecrypt.*, string.rot13, string.toupper, string.tolower, string.strip_tags, convert.*, consumed, dechunk, zlib.*

This program makes use of the Zend Scripting Language Engine:
Zend Engine v2.4.0, Copyright (c) 1998-2014 Zend Technologies
with Xdebug v2.2.2, Copyright (c) 2002-2013, by Derick Rethans

图 12-2　PHP 的开发环境支持 Xdebug 调试

12.2　驱动介绍

MongoDB 支持当前所有主流编程语言的驱动，这里我们主要介绍基于 PHP 语言的驱动，即 php_mongo-1.4.3-5.4-vc9.dll 里面的几个核心类。

几个核心类

1. MongoClient 类

该类为 PHP 和 MongoDB 的连接管理器，用于创建和管理连接，典型用法如下。

```
<?php
  $m = new MongoClient(); // 实例化一个连接
  $db = $m->neweshop; // 获取名称为"neweshop"的数据库
?>
```

MongoClient 类包含常量有以下内容。

const string VERSION ; //PHP 驱动的版本

const string DEFAULT_HOST = "localhost" ; //如果没有指定主机，默认连接该主机

const int DEFAULT_PORT = 27017 ; //如果没有指定端口，默认连接该端口

const string RP_PRIMARY = "primary" ; //复制集中的活跃节点的读参考选项

const string RP_PRIMARY_PREFERRED = "primaryPreferred" ; //复制集中活跃节点的读参考选项

const string RP_SECONDARY = "secondary" ;//复制集中备份节点的读参考选项

const string RP_SECONDARY_PREFERRED = "secondaryPreferred" ; //复制集中备份节点的读参考选项

const string RP_NEAREST = "nearest" ; //复制集中最近节点的读参考选项

MongoClient 类包含的属性有以下内容。

public boolean $connected = FALSE ; //如果我们有一个打开的、基于读取选项和标记集（对于集群连接）的数据库连接，将会被设置为 **TRUE**，否则为 **FALSE**。这个属性不考虑账户是否已认证。

public string $status = NULL ;// 这个属性不会再次使用，将会被设置为 **NULL**，在驱动版本 1.1.x 及更早版本中，使用持久连接时它可能会被设置为字符串的值（如 "recycled"，"new"）。

protected string $server = NULL ;

protected boolean $persistent = NULL ;

MongoClient 类包含的方法有以下内容。

public __construct ([string $server = "MongoDB://localhost:27017" [, array $options = array("connect" => TRUE)]]) //构造函数，创建一个新的数据库连接对象

public bool close ([boolean|string $connection]) //关闭连接

public bool connect (void) //连接到数据库服务器

public array dropDB (mixed $db) //删除一个数据库[已废弃]

public MongoDB __get (string $dbname) //取得一个数据库

public static array getConnections (void) //返回所有已打开连接的信息

public array getHosts (void) //返回所有关联主机的状态信息

public array getReadPreference (void) //获取此连接的读取首选项

public array getWriteConcern (void) //获取此连接的写关注选项

public bool killCursor (string $server_hash , int|MongoInt64 $id) //杀掉到指定服务器的游标

public array listDBs (void) //列出所有有效数据库

public MongoCollection selectCollection (string $db , string $collection)// 获取

数据库的文档集

public MongoDB selectDB (string $name) //获取一个数据库

public bool setReadPreference (string $read_preference [, array $tags]) //为该连接设置读取选项

public bool setWriteConcern (mixed $w [, int $wtimeout]) //为该连接设置写操作选项

public string __toString (void) //该连接的字符串表达方式

}

2. MongoDB 类

该类的实例用于和数据库进行交互。这里要获取如下数据库。

```
Example #1 选择一个数据库
<?php
    $m = new MongoClient(); // 连接
    $db = $m->selectDB("example");
?>
MongoDB {
/* 常量 */
const int PROFILING_OFF = 0 ;
const int PROFILING_SLOW = 1 ;
const int PROFILING_ON = 2 ;
/* Fields */
public integer $w = 1 ;
public integer $wtimeout = 10000 ;
/* 方法 */
public array authenticate ( string $username , string $password )
public array command ( array $command [, array $options = array() ] )
public __construct ( MongoClient $conn , string $name )
public MongoCollection createCollection ( string $name [, array $options ] )
public array createDBRef ( string $collection , mixed $document_or_id )
public array drop ( void )
public array dropCollection ( mixed $coll )
public array execute ( mixed $code [, array $args = array() ] )
public bool forceError ( void )
public MongoCollection __get ( string $name )
public array getCollectionNames ([ bool $includeSystemCollections = false ] )
```

```
public array getDBRef ( array $ref )
public MongoGridFS getGridFS ([ string $prefix = "fs" ] )
public int getProfilingLevel ( void )
public array getReadPreference ( void )
public bool getSlaveOkay ( void )
public array getWriteConcern ( void )
public array lastError ( void )
public array listCollections ([ bool $includeSystemCollections = false ] )
public array prevError ( void )
public array repair ([ bool $preserve_cloned_files = FALSE [, bool
$backup_original_files = FALSE ]] )
public array resetError ( void )
public MongoCollection selectCollection ( string $name )
public int setProfilingLevel ( int $level )
public bool setReadPreference ( string $read_preference [, array $tags ] )
public bool setSlaveOkay ([ bool $ok = true ] )
public bool setWriteConcern ( mixed $w [, int $wtimeout ] )
public string __toString ( void )
}
```

3. MongoCollection 类

```
MongoCollection {
/* 常量 */
const int ASCENDING = 1 ; //排序和索引的方向，升序排列
const int DESCENDING = -1 ; //排序和索引的方向，降序排列
/* Fields */
public MongoDB $db = NULL ; //此集合所在的数据库
public integer $w ; //复制集中写操作返回之前，数据被复制到成员的数量
public integer $wtimeout ; //等待复制完成的超时时间
/* 方法 */
public array aggregate ( array $pipeline [, array $options ] ) //在此集合
上聚集
```

public MongoCommandCursor aggregateCursor (array $command [, array $options]) //执行聚集操作后，返回一个游标来获取数据

public mixed batchInsert (array $a [, array $options = array()]) //插入多个文档到集合

public __construct (MongoDB $db , string $name) //创建一个新的集合

public int count ([array $query = array() [, int $limit = 0 [, int $skip = 0]]]) //返回集合中的文档数量

public array createDBRef (mixed $document_or_id) // 创建一个数据库引用

public bool createIndex (array $keys [, array $options = array()]) //在指定的字段上创建一个索引

public array deleteIndex (string|array $keys) //删除集合的一个索引

public array deleteIndexes (void) //删除集合的所有索引

public array distinct (string $key [, array $query]) //获取集合里指定键的不同值的列表

public array drop (void) //删除该集合

public bool ensureIndex (string|array $key|keys [, array $options = array()]) //创建一个索引

public MongoCursor find ([array $query = array() [, array $fields = array()]]) //查询该集合，并返回结果集的 MongoCursor

public array findAndModify (array $query [, array $update [, array $fields [, array $options]]])//跟新一个文档，并返回它

public array findOne ([array $query = array() [, array $fields = array() [, array $options = array()]]]) //查询集合，只返回一个文档

public MongoCollection __get (string $name) //得到一个集合

public array getDBRef (array $ref)

public array getIndexInfo (void) //得到关于这个集合的索引信息

public string getName (void) //返回这个集合的名称

public array getReadPreference (void) //得到读参考

public bool getSlaveOkay (void)

public array getWriteConcern (void)

public array group (mixed $keys , array $initial , MongoCode $reduce [, array $options = array()])

public bool|array insert (array|object $a [, array $options = array()]) // 插入文档到集合中

public array[MongoCommandCursor] parallelCollectionScan (int $num_cursors)

```
public bool|array remove ([ array $criteria = array() [, array $options = array() ]] ) //从集合中删除记录
public mixed save ( array|object $a [, array $options = array() ] ) //保存一个文档到集合
public bool setReadPreference ( string $read_preference [, array $tags ] )
public bool setSlaveOkay ([ bool $ok = true ] )
public bool setWriteConcern ( mixed $w [, int $wtimeout ] )
static protected string toIndexString ( mixed $keys )
public string __toString ( void )
public bool|array update ( array $criteria , array $new_object [, array $options = array() ] )
public array validate ([ bool $scan_data = FALSE ] )
}
```

4. MongoCursor 类

```
Example : Iterating over MongoCursor
<?php
    $cursor = $collection->find();
    foreach ($cursor as $doc) {
        // do something to each document
    }
?>
MongoCursor implements Iterator {
/* 静态字段*/
static boolean $slaveOkay = FALSE ;
static integer $timeout = 30000 ;
/* 方法 */
public MongoCursor addOption ( string $key , mixed $value )
public MongoCursor awaitData ([ bool $wait = true ] )
public MongoCursor batchSize ( int $batchSize )
public __construct ( MongoClient $connection , string $ns [, array $query = array() [, array $fields = array() ]] )
public int count ([ bool $foundOnly = FALSE ] ) //返回结果集中文档的数量
public array current ( void ) //返回游标指向的当前文档
public bool dead ( void )
protected void doQuery ( void )
```

```
public array explain ( void ) //返回查询计划，对优化查询有用
public MongoCursor fields ( array $f )
public array getNext ( void ) //返回下一个文档
public array getReadPreference ( void )
public bool hasNext ( void ) //检查是否还有文档没有遍历到
public MongoCursor hint ( mixed $index )
public MongoCursor immortal ([ bool $liveForever = true ] )
public array info ( void )
public string key ( void )
public MongoCursor limit ( int $num ) //限制返回文档的数量
public MongoCursor maxTimeMS ( int $ms )
public void next ( void )
public MongoCursor partial ([ bool $okay = true ] )
public void reset ( void )
public void rewind ( void )
public MongoCursor setFlag ( int $flag [, bool $set = true ] )
public MongoCursor setReadPreference ( string $read_preference [, array
$tags ] )
public MongoCursor skip ( int $num ) //跳过一定数量的文档
public MongoCursor slaveOkay ([ bool $okay = true ] )
public MongoCursor snapshot ( void )
public MongoCursor sort ( array $fields ) //对结果进行排序
public MongoCursor tailable ([ bool $tail = true ] )
public MongoCursor timeout ( int $ms  //设置客户端的超时时间
public bool valid ( void )
}
```

12.3 单实例上的增删改查

下面我们给出一段 PHP 驱动接口的增删改查代码并详细解读这段代码。

```
<?php
try
```

```
{
1 $uri = "MongoDB://Guo:50000"; //数据库连接串
2 $m = new MongoClient($uri); //实例化一个客户端
3 $db = $m->selectDB("eshop"); //连接指定的数据库
4 $collection = $db->selectCollection("goods"); //连接指定的集合
5 $document1 = array( "name" => "apple mini", "price" => 999 ); //构造一
个文档对象
6 $document2 = array("name" => "nuokia","price" => 1000,
7     "property" => (object)array("color" => "white","weight" => "100g"));
//构造一个嵌套的文档对象
8 $collection->insert($document1); //插入文档对象 1
9 $collection->insert($document2); //插入文档对象 2
10 $cursor1 = $collection->find(); //查询集合
11 $cursor2 = $collection->find(array("property.color" => "white"),array
("price" => false));
12 foreach ($cursor1 as $document) //利用游标迭代输出查询结果
        echo $document["name"] . "\n";
13 foreach ($cursor2 as $document) //利用游标迭代输出查询结果
echo $document["name"] . $document["property"]["color"] . "\n";
14 $collection->remove(array("name" => "apple mini")); //删除集合中的文档
15 $newdata = array('$set' => array("price" => 3000)); //用于更新的文档
16 $collection->update(array("name" => "nuokia"),$newdata,array
("multiple" => true)); //更新文档
}
17 catch (MongoException $e)
   {
18   echo "error message: ".$e->getMessage()."\n"; //输出异常信息
   }
?>
```

12.4 几个重要的类、方法与参数

为了更好地理解后面的代码，这里有几个重要的类和方法有必要现在介绍。12.3 节这

段代码虽小，但包含了 MongoDB 提供的 PHP 驱动中的最常用的核心类。

第 2 行中的 MongoClient 类，是一个在 PHP 与 MongoDB 间的连接管理器类；第 3 行的返回值是一个 MongoDB 类，提供了各种对数据库的操作。

第 4 行返回值是一个 MongoCollection 类，提供了对集合的各种操作。

第 9 行插入的是一个嵌套的文档对象，这里都是通过 PHP 自身的数组类型来构造的，驱动程序能够将 PHP 的数组对象转换成 MongoDB 里面的 BSON 对象。

第 10 行返回一个 MongoCursor 类，提供了一个对返回的查询结果集迭代的游标类。

第 11 行查询函数包含两个参数，第一个参数相当于查询选择器，第二个参数表示对返回结果集的字段的筛选，这两个参数的类型都是 PHP 中的 array 类型。

第 16 行更新数据库中匹配的记录，第一个参数表示匹配选择器，第二个参数表示需要更新的字段与值，第三个参数为可选参数且在这里表示更新所有匹配的项，否则默认只更新第一项。

第 17 行包含了一个 MongoException 类，它是 MongoDB 中各种异常的基类。

其实对数据库产生变更影响的方法经常是 insert 方法、update 方法以及 remove 方法，这三个方法均属于类 MongoCollection，其原型如下。

```
bool|array insert ( array|object $a [, array $options = array() ] )
bool|array remove ([ array $criteria = array() [, array $options =
array() ]] )
bool|array update ( array $criteria , array $new_object [, array $options =
array() ])
```

关于这三个方法，前面的代码中都有调用过（第 9、14、16 行）。最难理解的应该是每个函数的最后一个参数，它是一个由键名索引的数组类型的可选参数，对于 insert 常用形式如下。

```
$options = array("fsync" => false, "j" => false, "w" => 1, "wtimeout" => 10000,
"timeout" => 30000)
```

这些键名及其值不一定在每个具体的插入方法都出现，每个键的含义如下。

- “fsync”：表示在插入方法返回之前，强制将数据写到磁盘，默认值为 false。
- “j”：表示在插入方法返回之前，强制将写操作刷新到 jounal 日志文件中，默认值为 false。
- “w”：表示写关注设置，默认值为 1，更多取值和含义见 7.2.3 节。
- “wtimeout”：表示驱动等待对写操作进行确认的时间上限，默认值为 10000 毫秒。
- “timeout”：表示如果设置了写操作，客户端等待数据库响应的时间，默认值为 30000 毫秒。

特别注意这里“wtimeout”和“timeout”表示的含义是不一样的，前者表示当带有写操作选项的插入操作开始执行时，驱动程序同时会调用一个 getLastError 函数（这个函数对应用程序透明），此函数利用传递过来的写操作选项对插入操作进行写操作确认，如果等待确认的时间超过“wtimeout”，此时 insert 方法的返回值会包含由“wtimeout”引起的一个错误信息。

“timeout”这个选项是针对客户端应用程序来说的，如果操作使用了写关注，但插入操作在“timeout”设置的时间内还没有从数据库得到响应，那么应用程序会捕获到一个 MongoCursorTimeoutException 异常信息。

关于 insert 方法的返回值，如果没有使用写关注 w 选项，那么返回值就是个简单的 bool 类型值，仅仅表示插入的 array 是否为空，即使插入失败也不会抛出异常；如果使用了写关注 w 选项，那么返回值是一个 array 类型，包含插入操作执行的各种状态信息（不管插入成功与否），同时对于发生的任何错误插入操作，会抛出一个 MongoCursorException 异常信息，应用程序单捕获到这个异常信息后，由应用程序设计者决定下一步的动作。下面我们通过几段产生异常的代码，加深对上面所述内容的理解。

1. 首先我们通过命令向集合中插入一条以下记录，然后在通过代码插入一条相同的记录。

```
> db.goods.find()
{ "_id" : 1, "name" : "htc", "price" : 1999 }
```

对于不带写关注的代码，我们将“w”设为 0。

```
<?php
try
{
    $uri = "MongoDB://GUO:50000";
    $m = newMongoClient($uri);
    $db = $m->selectDB("eshop");
    $collection = $db->selectCollection("goods");
    $document1 = array( "_id"=>1,"name" => "htc", "price" => 1999 );
    $collection->insert($document1,array("w" => 0));
}
catch(MongoCursorException $e)
{
    echo"error message: ".$e->getMessage()."\n";
}
?>
```

由于集合中已经有一条记录，主键_id 与待插入记录相同，插入会失败；但是由于没有使用写关注，异常不会抛出，客户端应用程序根本不会知道这个插入失败。

对于带有写关注的代码，我们将“w”设为 1，将上面 insert 语句所在的一行改为如下所示。

```
$collection->insert($document1,array("w" => 1));
```

调试代码，程序会捕获到一个 MongoCursorException 类型的异常，输出的异常信息如下。

```
Guo:50000: E11000 duplicate key error index: eshop.goods.$_id_ dup key:
{ : 1 }
```

这说明发生了主键冲突，与预期的结果一致。

2. 分析服务器崩溃后代码可能产生的异常。

我们仍然以前面那段代码进行调试，不管是否带有写关注，如果在执行语句$m = new MongoClient($uri)时服务器就崩溃了，则会产生一个 MongoConnectionException 异常，异常信息如下。

```
Failed to connect to: Guo:50000: No connection could be made because the
target machine actively refused it
```

如果是在执行$collection->insert($document1,array("w" => 1))语句时服务器才崩溃，则系统会抛出一个 MongoCursorException 异常，输出异常信息如下。

```
Couldn't get connection: Failed to connect to: Guo:50000: Remote server
has closed the connection
```

上面我们完成了对单实例的常见的异常分析，这些规则对复制集也适用，12.5 节将继续对复制集相关代码展开分析。

12.5 复制集上的操作

通过第 7 章的介绍，我们知道复制集最大的特点是自动故障转移，那么当自动故障转移过程发生时，对客户端应用程序会有什么影响呢？为了搞清楚这个问题，下面我们通过在第 7 章配置运行的复制集上执行一些代码进行分析。

1. 复制集插入操作，代码如下。

```
<?php
try
{
    $uri = "MongoDB://GUO:40000,GUO:40001,GUO:40002";
    $m = newMongoClient($uri,array("replicaSet" => "rs0"));
```

```
    $db = $m->selectDB("eshop");
    $collection = $db->selectCollection("goods");
    $document1 = array( "_id"=>1,"name" => "htc", "price" => 1999 );
    $collection->insert($document1,array("w" => 1));
}
catch(MongoException $e)
{
    echo"error message: ".$e->getMessage()."\n";
}
?>
```

这里与 12.1 节单实例上的代码唯一区别就是连接串$uri 包含了复制集中的所有节点，当实例化 MongoClient 时，驱动程序自动地选择一个 primary 节点，如果找不到 primary 节点，则会抛出 MongoConnectionException 异常，这种情况与单实例找不到服务器抛出的异常类似。

上面的插入语句$collection->insert($document1,array("w" => 1))中写关注 w 设置为 1，表示只要能得到 primary 节点的写操作确认即可；如果设置为 2，则表示写操作需要得到 primary 节点和 secondary 节点两台服务器的确认。

下面我们模拟故障转移的情况，在上面代码的插入语句处设置断点，调试代码，运行到此处时，手动 Kill 掉 primary 节点，接着继续运行代码，看看会发生什么。

我们发现代码会抛出一个 MongoCursorException 异常，而且输出如下异常信息。

```
Couldn't get connection: No candidate servers found
```

反复重新开始执行此代码，可能连续抛出几次 MongoCursorException 异常信息后，插入突然成功了，因为此时发生了故障转移，复制集重新选出了一个新的 primary 节点。

如果用户直接从浏览器提交包含此脚本的页面，如：http://localhost/test_MongoDB/index.php，在异常代码处理处，可以友好地提示用户多提交几次，当故障转移完成后，提交就可以成功了，当然我们也可以采取其他方式，直到提交完成为止。

从上面的分析可知，对于复制集来说，primary 节点失败后，快速地选出新的 primary 节点对应用程序来说至关重要。复制集的部署架构如第 7 章所描述的复制集结构图，一个 primary 节点、一个 secondary 节点以及一个 arbiter 节点，当 primary 节点失败后，arbiter 节点能选择 secondary 节点作为新的 primary 节点。

如果 primary 和 arbiter 都失败了，复制集中还有偶数个 secondary 节点，有可能出现选不出 primary 节点的情况，导致插入一直不成功。因此对于生产环境来说，要能时刻监控系统的运行状态，万一自动故障转移不成功，就需要我们手动干预了。

2. 复制集读取操作，代码如下。

```
<?php
  $uri = "MongoDB://GUO:40000,GUO:40001,GUO:40002";
try
{
  $m = newMongoClient($uri,array("replicaSet" => "rs0"));
}
catch(MongoException $e)
{
  echo"error message: ".$e->getMessage()."\n";
}
  $db = $m->selectDB("eshop");
  $collection = $db->selectCollection("goods");
try
{
  $currsor = $collection->find(array("_id" => 14));
  foreach($currsor as$docs)
  echo$docs["_id"]."\n".$docs["name"]."\n".$docs["price"]."\n";
}
catch(MongoException $e)
{
  echo"error message: ".$e->getMessage()."\n";
}
?>
```

这段读复制集的代码里面包含了两个 try/catch，前者用于捕获连接异常，后者捕获读的过程中可能发生的异常，异常类型都为 MongoException 类。它是其他所有 MongoDB 中异常的基类，根据面向对象编程的原理，它能自动完成类型转换，变为具体的某个异常子类。

通过 Kill 掉 primary 节点来模拟 primary 节点宕机后，对复制集读操作的影响，我们发现代码会先抛出一个 MongoCursorException 异常，而且输出如下异常信息：No candidate servers found；当继续提交读操作请求时，能够正常地读取到数据，说明 Kill 掉 primary 节点后，复制集发生故障转移，选出了新的 primary 节点，与写复制集的情况相同。

12.6 分片集群上的操作

我们启动按照图 8-1 所配置的分片集群，对集群进行读写操作。

1. 对集群写操作代码，代码如下。

```
<?php
$uri = "MongoDB://GUO:40009";
try
{
  $m = newMongoClient($uri);
}
catch(MongoException $e)
{
  echo"error message: ".$e->getMessage()."\n";
}
  $db = $m->selectDB("eshop");
  $collection = $db->selectCollection("goods");
try
{
  $document = array( "_id"=>100,"name" => "nuokia", "price" => 1999 );
  $collection->insert($document,array("w" => 1));
}
catch(MongoException $e)
{
  echo"error message: ".$e->getMessage()."\n";
}
?>
```

它与前面对单实例或复制集写操作代码几乎相同，唯一的区别就是连接串中的主机地址变成了分片集群中的 mongos 路由服务器；因为还没有让 goods 集合支持分片，所以此集合的数据默认情况下都保存在片 rs0 上。

```
databases:
{ "_id" : "eshop", "partitioned" : true, "primary" : "rs0" }
```

2. 对集群读操作代码，如下所示。

```
<?php
$uri = "MongoDB://GUO:40009";
try
{
$m = newMongoClient($uri);
}
catch(MongoException $e)
{
echo"error message: ".$e->getMessage()."\n";
}
$db = $m->selectDB("eshop");
$collection = $db->selectCollection("goods");
try
{
$currsor = $collection->find(array("_id" => 100));
foreach($currsor as$docs)
echo$docs["_id"]."\n".$docs["name"]."\n".$docs["price"]."\n";
}
catch(MongoException $e)
{
echo"error message: ".$e->getMessage()."\n";
}
?>
```

代码与对单实例或复制集的读操作类似。

12.7 分布式小文件存取操作

这里主要利用 MongoDB 的二进制数据类型来存储操作系统上的单个小文件（小于 16MB），如果单个文件大于 16MB 我们可以用 MongoDB 自带的 GridFS 文件系统来进行分割存储，12.8 节会介绍，下面我们将给出在分片集群上的小文件存取代码。

1. 文件插入代码，如下所示。

```
<?php
  $uri = "MongoDB://G00233993:40009";
try
{
  $m = newMongoClient($uri);
}
catch(MongoException $e)
{
  echo"error message: ".$e->getMessage()."\n";
}
  $db = $m->selectDB("upload");
  $collection = $db->selectCollection("images");
try
{
  $document = array(
  //调用 PHP 函数获取文件名
  "filename" => basename("D:\Penguins.jpg"),
  //调用 PHP 函数获取文件大小
  "filesize" => filesize("D:\Penguins.jpg"),
  //调用 PHP 函数获取文件内容，并转换为 MongoDB 支持的二进制对象
  "content" => newMongoBinData(file_get_contents("D:\Penguins.jpg"))
);
  $collection->insert($document,array("w" => 1));
}
catch(MongoException $e)
{
  echo"error message: ".$e->getMessage()."\n";
}
?>
```

上面的代码与 12.4 节介绍的集群的写入操作类似，唯一的区别是**$document** 对象中包含有二进制数据类型 MongoBinData 的字段值，而且字段的数据是通过调用 PHP 提供的函数来获取的；其中 file_get_contents()是 PHP 中用于将文件的内容读入到一个字符串中的方法，类 MongoBinData 在 PHP 驱动中的构造函数原型如下。

```
public MongoBinData::__construct ( string $data [, int $type = 2 ] )
```

它默认将一个字符串转换为按字节数组存储的二进制对象。上面代码执行完成后，我们可以查询数据库看到如下记录，说明插入此图片文件成功了。

```
{ "_id" : ObjectId("xxx"), "filename" : "Penguins.jpg", "filesize" : 777835 }
```

下面我们再插入一个 PDF 文件，完成后数据库中的内容如下。

```
{ "_id" : ObjectId("xxx"), "filename" : "Unix_Operation_System.pdf", "filesize" : 9596416 }
```

最后我们再插入一个音频文件，完成后数据库中的内容如下。

```
{ "_id" : ObjectId("xxx"), "filename" : "Give_Thanks.mp3","filesize" : 3916447 }
```

因为二进制数据较长，在界面上不方便显示，所以这里显示结果都过滤掉了字段 content 的内容。

（2）文件读取代码如下所示。

```
<?php
$uri = "MongoDB://G00233993:40009";
try
{
  $m = newMongoClient($uri);
}
catch(MongoException $e)
{
  echo"error message: ".$e->getMessage()."\n";
}
  $db = $m->selectDB("upload");
  $collection = $db->selectCollection("images");
try
{
  //返回一个 BSON 对象，注意不是游标了
  $doc = $collection->findOne(array("filename" => " Penguins.jpg "));
  //将获取的二进制数据写入文件
  file_put_contents("D:\NewPenguins.jpg ",$doc["content"]->bin);
}
catch(MongoException $e)
```

```
{
  echo"error message: ".$e->getMessage()."\n";
}
?>
```

这里有两个地方要注意。

一是查询函数用的是 findOne()，它只返回第一个匹配的文档，返回值是个 BSON 对象，与 find()函数返回游标、再对游标迭代不一样。

二是函数 file_put_contents 是 PHP 自带的一个将字符串内容写入文件的函数，它的第二个参数是个字符串，而这里获取的方式是$doc["content"]->bin。这个与 PHP 驱动中的 MongoDB 的二进制类型 MongoBinData 有关，$doc["content"]返回的是一个类型为 MongoBinData 的实例，而$doc["content"]->bin 则是保存文件数据真实字段，它以字符串的形式保存二进制数据。

12.8 分布式大文件存取操作

这里主要利用 GridFS 的 PHP 驱动接口来实现，对大于 16MB 的单个文件的存取操作。

1. 文件上传的代码如下。

```
<?php
$uri = "MongoDB://G00233993:40009";
try
{
  $m = newMongoClient($uri);
}
catch(MongoException $e)
{
  echo"error message: ".$e->getMessage()."\n";
}
  $db = $m->selectDB("bigFiles");
  $mgfs = $db->getGridFS("my");
try
{
```

```
    $mgfs->storeFile("D:\algorithm.pdf",array("_id" =>1, "filetype" =>
"pdf"),array("w" => 1));
   }
   catch(MongoException $e)
   {
    echo "error message: ".$e->getMessage()."\n";
   }
   ?>
```

这里与上面代码不同之处是，语句$mgfs = $db->getGridFS("my")返回值是一个类型为 MongoGridFS 的变量，参数"my"表示集合 files 和 chunks 的前缀；语句$mgfs->storeFile () 函数传递了三个参数，第一个为需要上传的文件；第二个参数为可选，表示集合 files 里面额外元数据字段，如这里的"filetype"，也可以重定义默认的字段值，如"_id" =>1，也可以在这里重新定义"chunkSize"的大小；第三个参数也是可选，表示与写关注设置有关，前面已分析过。上面的代码执行成功后，数据库里面会有如下这样一条记录。

```
   {
      "_id" : 1, "filetype" : "pdf", "filename" : "D:\\algorithm.pdf",
"uploadDate"
      : ISODate("2013-09-16T14:26:36Z"),
      "length" : 50940989, "chunkSize" : 262144,
      "md5" : "bdaa3113f0d315227daf07fb6791a15f"
    }
```

里面的字段"_id" : 1, "filetype" : "pdf"是通过代码额外添加的，其他是默认创建的。

当然代码也会向集合 db.my.chunks 插入此文件包含的块信息，如下所示。

```
   mongos> db.my.chunks.find({files_id:1},{data:0})
   { "_id" : ObjectId("5237151cc9f23c5c170001b4"), "files_id" : 1, "n" :
0 }
```

这里一共有 195 个这样的 chunk，由每个块的大小"chunkSize" : 262144，文件总大小为 "length" : 50940989 也可以计算得到。

2. 读文件到本地文件系统的代码如下所示。

```
   <?php
    $uri = "MongoDB://G00233993:40009";
   try
   {
```

```
    $m = newMongoClient($uri);
  }
  catch(MongoException $e)
  {
    echo"error message: ".$e->getMessage()."\n";
  }
    $db = $m->selectDB("bigFiles");
    $mgfs = $db->getGridFS("my");
  try
  {
    $mgfsFile = $mgfs->get (1) ;
    $mgfsFile->write("D:\\test");
  }
  catch(MongoException $e)
  {
    echo"error message: ".$e->getMessage()."\n";
  }
  ?>
```

语句$mgfs->get（1），参数是在 files 集合中的_id 字段值，返回值是一个类型为 MongoGridFSFile 的对象。语句是将 mgfsFile->write("D:\\test")包含的数据写到本地文件系统中去。

12.9 小结

本章介绍的 MongoDB 内容偏向实践方面，工欲善其事，必先利其器。我们开始就介绍了 PHP 集成开发调试环境的搭建；介绍了 PHP 驱动中几个核心的类，分析了增删改查操作中各种异常情况，对于某些类的方法也详细分析了参数的含义，介绍了利用 PHP 在单 mongod 实例上对数据库进行增、删、改、查，另外介绍了对复制集进行读写操作，还介绍了写关注对插入操作的影响，同时介绍了对集群进行读写操作，最后介绍了存储二进制的小文件的方法以及如何利用 GridFS 实现大文件的分布式存储。

第13章 案例：高度可定制化的电商平台

这是本书的最后一章，我们将介绍一个完整的案例，目的是开发一个基于 MongoDB 的高度可定制化的电商平台，为准备利用 MongoDB 和 PHP 开发的读者提供参考。在开发过程中我们还会利用一个 PHP 框架 Codeigniter 以及一个前台开发框架 Bootstrap，内容主要包含功能需求分析、数据库的设计、核心代码开发、Codeigniter 框架介绍、Bootstrap 介绍等。下面我们会依次介绍这些内容。

13.1 功能需求

前台功能点如表 13-1 所示。

表 13-1 前台功能

业务功能点	业务功能描述
首页	注册/登录
	所有类别展示菜单
	按类别查询/展示商品
	按关键字查询商品
按类展示商品页	选定类别查询并展示商品
商品详情页	展示商品详情
购物车	添加商品至购物车
	展示购物车
	从购物车中删除商品项
	编辑购物车中商品项信息
	结算，生成订单

续表>>

业务功能点	业务功能描述
订单	用户订单列表查询/展示
	删除选定订单
	订单详情展示
用户信息	个人资料展示/编辑
	收货地址维护（增删改查）

后台功能点如表 13-2 所示。

表 13-2 后台功能

业务功能点	业务功能描述
订单管理-订单查询列表	查询（按状态，时间，客户，金额等条件）
订单管理-查看订单详情	显示订单详情
订单管理-订单信息编辑	编辑订单信息
订单管理-订单删除	删除指定订单
订单管理-订单发货处理	设置物流信息，改变订单状态
商品维护-商品查询列表	查询（按名称，时间，客户，金额等条件）
商品维护-查看商品详情	显示商品详情
商品维护-上传商品图片	
商品维护-商品信息编辑	
商品维护-商品动/静态属性设置	
商品维护-商品价格设置（默认及属性匹配价格）	
系统配置-商品属性字典维护	增/删/改/查
系统配置-物流公司字典维护	增/删/改/查

13.2 数据库表设计

我们创建一个名为 eshop 的数据库，接着创建如下内容的表。

1. User 表

字段名	字段类型	字段宽度	是否允许空	说明
Id	Int32			
Email	String			
UserName	String			
Password	String			
RegDate	DataTime			
LastLogin	String			
Locked	Int32			

2. UserInfo 表

字段名	字段类型	字段宽度	是否允许空	说明
Id	Int32			
UserID	Int32			
Weibo	String			
Weixin	String			
Mobile	String			
Phone	String			
Birthdate	DataTime			
HomeAddress	String			
CurrentAddress	String			
AvatarPath	String			用户头像

3. UserDeliveryAddress 表

字段名	字段类型	字段宽度	是否允许空	说明
Id	Int32			
UserID	Int32			
Address	String			
Default	Int32			是否为默认送货地址
CreateDate	DataTime			
Deleted	Int32			

4. SellerUser 表

字段名	字段类型	字段宽度	是否允许空	说明
Id	Int32			
Email	String			
UserName	String			商家法人代表
Mobile	String			
Phone	String			
Company	String			商家公司名
Address	String			公司地址
CreateDate	DataTime			

5. AdminUser 表

字段名	字段类型	字段宽度	是否允许空	说明
Id	Int32			
Email	String			
UserName	String			
Password	String			
CreateDate	DataTime			
LastLogin	String			
Locked	Int32			

6. Goods 表

字段名	字段类型	字段宽度	是否允许空	说明
Id	Int32			
SellerUserID	Int32			
Name	String			
TypeID	Int32			
CreateDate	DataTime			商品介绍：富文本信息
BasicAttr	Document			商品规格参数：富文本信息
CustomAttr	Document			包括历次历史价格及调整日期

续表>>

字段名	字段类型	字段宽度	是否允许空	说明
GoodsInfo	String			
LastPrice	Array			库存量
CurrentPrice	Double			是否显示
StockAmount	Int32			
SoldAmount	Int32			
IsDisplay	Int32			
OperatorID	Int32			对应管理员 ID
OperatorTime	DataTime			上传或修改时间

7. GoodsImage 表

字段名	字段类型	字段宽度	是否允许空	说明
Id	Int32			
GoodsID	Int32			
ImagePath	String			
MultiDimension	Array			
OperatorID				对应管理员 ID
OperatorTime				上传或修改时间

8. Cart 表

字段名	字段类型	字段宽度	是否允许空	说明
Id				
UserID				
GoodsList				商品列表：包括所购商品 ID 及属性、数量、价格信息、添加日期

9. Order 表

字段名	字段类型	字段宽度	是否允许空	说明
Id				
UserID				
GoodsList				商品列表：包括所购商品 ID 及属性、数量、价格信息
CreateDate				
StatusInfo				订单状态信息： 包括状态值和状态变化时间；状态包括：已创建，已提交（付款），已发货，已收货，关闭
Deleted				

10. OrderInfo 表

字段名	字段类型	字段宽度	是否允许空	说明
Id				
OrderID				
LogisticsInfo				物流信息
InvoiceInfo				发票信息
PaymentInfo				支付信息（支付账户，收款账户，支付额，支付日期等）

11. DictGoodsType 表

字段名	字段类型	字段宽度	是否允许空	说明
Id				
TypeName				
FatherID				
IsBottom				是否为最底层类别

续表>>

字段名	字段类型	字段宽度	是否允许空	说明
FilterCondition				筛选条件：可为空。若不为空，该值为筛选条件集合（DictGoodsAttribute 表中记录组合）

12. DictGoodsAttribute 表

字段名	字段类型	字段宽度	是否允许空	说明
Id				
AttributeName				
AttributeValue				
IsOptional				是否多选：如果是 1，AttributeValue 值为选项集合；如果是 0，AttributeValue 为固定值

13.3 编写 MongoDB_driver 类

为了满足项目的需求，更好地对数据库进行读写操作，在官方提供的驱动（php_mongo-1.4.3-5.4-vc9.dll）基础上，我们编写了一个 MongoDB_driver 类，内容如下。

```
<?php
/**
 * MongoDB DataBase Driver Adapter Class
 * @version 1.1
 * @author  guoyuanwei
 * @createtime 2014-6-23
 * @modifytime 2014-7-3
 * @comment:replacement the defalut _id value by function get_primarykey_id
```

```
 */
class MongoDB_driver
{
    /**
     * MongoDB 连接字符串配置项，依据具体的数据库配置
     */
    private $db_ip = 'localhost';  //数据库所在服务器 IP
    private $db_port = 50000;      //数据库连接监听端口
    private $db_username = 'gyw';  //数据库登录用户名
    private $db_password = '123456'; //数据库登录密码
    private $db_database = 'admin';  //权限信息所在的数据库

    private static $db_conn = NULL; //数据库连接标识符

    /**
     * 构造函数，初始化连接标识符
     */
    public function __construct()
    {
        if(is_null(self::$db_conn))
        {
            self::$db_conn = $this->db_connect();
        }
    }

    /**
     * 创建到单个数据库的连接
     * @access public
     * @return resource
     */
    public function db_connect()
    {
        $conn_url  =  'MongoDB://'.$this->db_username.':'.$this->db_
password.'@'.$this->db_ip.':'.$this->db_port.'/'.$this->db_database;
        try
```

```
            {
                return new MongoClient($conn_url);
            }
            catch (MongoException $e)
            {
                show_error($e->getMessage());
                return NULL;
            }

        }

        /**
         * 一般查询,类似于MySql语句:select * from A where xx
         * @access public
         * @param string database 指定数据库
         * @param string collection 指定集合
         * @param array[] query 可选参数，查询条件，默认为空数组则返回所有结果
         * @param array[] fileds 可选参数，过滤返回的字段，默认为空数组，返回所有字段
         * @return array[][]返回二维数组结果集
         */
        public function db_find($database,$collection,$query = array(),
$fileds = array())
        {
            if(!is_null(self::$db_conn))
            {
              try
              {
                    $cursor = self::$db_conn->SelectDB($database)->
selectCollection $collection)->find($query,$fileds);
                    return $this->fetch_cursor($cursor);
              }
              catch (MongoException $e)
              {
                    show_error($e->getMessage());
                  return NULL;
```

```
            }

        }
    }


    /**
     * 高级查询,包含 sort,skip,limit 等可选项,满足排序、分页等需求、类似于 MySQL
语句:select * from A where xx order by xx limit(xx,xx)
     * @access public
     * @param string database 指定数据库
     * @param string collection 指定集合
     * @param array[] query 可选参数，查询条件，默认为空数组则返回所有结果
     * @param array[] fileds 可选参数，过滤返回的字段，默认为空数组，返回所有字段
     * @param int skip_num 可选参数，跳过的记录数，默认为 0
     * @param int limit_num 可选参数，限制返回记录条数
     * @return array[][]返回二维数组结果集
     */
    public function db_findAdvance($database,$collection,$query = array(),
$fileds = array(),$sort = array(),$skip_num = 0,$limit_num = 0)
    {
        if(!is_null(self::$db_conn))
        {
            try
            {
                $cursor=self::$db_conn->SelectDB($database)-> selectCollection
$collection)->find($query,$fileds)->sort($sort)->skip($skip_num)->limit($l
imit_num);
                return $this->fetch_cursor($cursor);
            }
            catch (MongoException $e)
            {
                show_error($e->getMessage());
                return NULL;
            }
```

```
            }
        }

        /**
         * 根据主键或唯一索引的字段查询,只返回一条记录
         * @access public
         * @param string database 指定数据库
         * @param string collection 指定集合
         * @param array[] query 可选参数，查询条件，默认为空数组则返回所有结果
         * @param array[] fileds 可选参数，过滤返回的字段，默认为空数组，返回所有字段
         * @return array[0][]返回二维数组结果集
         */
        public    function    db_findOne($database,$collection,$query    =
array(),$fileds = array())
        {
            if(!is_null(self::$db_conn))
            {
                try
                {
                  $result[0] = self::$db_conn->SelectDB($database)->selectCollection
$collection)->findOne($query,$fileds);//注意返回的是数组不是游标
                    return $result;
                }
                catch (MongoException $e)
                {
                    show_error($e->getMessage());
                    return NULL;
                }

            }
        }

        /**
```

```
    * 插入一条记录
    * @access public
    * @param string database 指定数据库
    * @param string collection 指定集合
    * @param array[] doc 待插入的文档，如果为空则不会插入
    * @param array[] option 可选项，默认使用写关注(w=1)
    */
    public function db_insert($database,$collection,$doc,$option = array
('w'=>1))
    {
        if(!is_null(self::$db_conn))
        {
            try
            {
                $key_id = $this->get_primarykey_id($database,$collection);
                if(!is_null($key_id))
                   $doc['_id'] = $key_id;
               self::$db_conn->SelectDB($database)->selectCollection
$collection) >insert($doc,$option);
            }
            catch (MongoException $e)
            {
                show_error($e->getMessage());
            }

        }
    }

    /**
    * 删除记录
    * @access public
    * @param string database 指定数据库
    * @param string collection 指定集合
    * @param array[] query 删除匹配条件，如果为空则会删除整个集合
    * @param array[] option 可选项，默认使用写关注(w=1)
```

```
         */
        public function db_remove($database,$collection,$query = array(),
$option = array())
        {
            if(!is_null(self::$db_conn))
            {
                try
                {
self::$db_conn->SelectDB($database)->selectCollection ($collection)->remove
($query,$option);
                }
                catch (MongoException $e)
                {
                    show_error($e->getMessage());
                }

            }
        }

        /**
         * 修改记录
         * @access public
         * @param string database 指定数据库
         * @param string collection 指定集合
         * @param array[] query 匹配条件，如果为空则会匹配整个集合
         * @param array[] newobject 新的文档对象，如果包含修改操作符则只修改指定的
字段，否则会发生取代原记录的修改，格式如：array('$set' =>array('key'=>'newvalue'))
         * @param array[] option 可选项，控制匹配到任何一条记录时是否插入一条新记录
（默认 false）；如果匹配到多条记录是否修改多条记录（默认 false）等
         */
        public function db_update($database,$collection,$query = array(),
$newobject, option = array())
        {
            if(!is_null(self::$db_conn))
```

```
            {
              if(!empty($newobject) AND is_array($query) AND is_array($newobject))
                try
                {
                  self::$db_conn->SelectDB($database)->selectCollection
$collection) ->update($query,$newobject,$option);
                }
                catch (MongoException $e)
                {
                    show_error($e->getMessage());
                }

            }
        }

        /**
         * 聚集操作,先分组用$group 操作符,再聚集用$sum,$max,$min,$avg 等操作符
         * @access public
         * @param string database 指定数据库
         * @param string collection 指定集合
         * @param array[] pipeline 管道操作符,如 array
         *                                  (
         *                                      '$group' => array(
         *                                                     '_id' => '$name',
         *                                                       'total' => array
    ('$sum' => '$price')
         *                                                     )
    *                                       ) ;  类似于 MySQL 语句:select xx.name as
_id,sum(xx.price) from xx group by xx.name
         * @return array[0][]返回二维数组结果集
         */
        public function db_aggregate($database,$collection,$pipeline=array())
        {
            if(!is_null(self::$db_conn))
            {
```

```
            if(!empty($pipeline) AND is_array($pipeline))
              try
              {
                  /**
                   * 返回值$
                   */
                  $aggegate_result = self::$db_conn->SelectDB($database)->
selectCollection($collection)->aggregate($pipeline);
                  return $aggegate_result['result'];
              }
              catch (MongoException $e)
              {
                  show_error($e->getMessage());
                  return NULL;
              }

          }
      }

      /**
       * 遍历游标,将查询结果转化为一个二维数组
       * @access public
       * @param object cursor
       * @return array[][]
       */
      public function fetch_cursor($cursor)
      {
          $i = 0;
          $result = array();
          foreach ($cursor as $doc)
              $result[$i++] = $doc;
          return $result;
      }

      /**
```

```
     * 将图片或文件转换为 MongoBinData 的二进制数据
     * @access public
     * @param string path 路径
     * @return MongoBinData 对象,属性 bin 包含
     */

    public function transfer_bindata($path)
    {
        try
        {
            return new MongoBinData(file_get_contents($path),MongoBinData::
BYTE_ARRAY);
        }
        catch (MongoException $e)
        {
            show_error($e->getMessage());
            return NULL;
        }
    }

    /**
     * 返回集合中下一条要插入记录的主键_id 值
     * @access public
     * @param string database 指定数据库
     * @param string collection 指定集合
     * @return int
     */
    public function get_primarykey_id($database,$collection)
    {
        if(!is_null(self::$db_conn))
        {
            try
            {
                $cursor=self::$db_conn->SelectDB($database)->selectCollection
($collection)->find(array(),array('_id'=>true))->sort(array('_id'=>-1))->limit(1);
```

```
            foreach ($cursor as $doc)
                $result = $doc;
            if(!empty($result))
                $primary_key = $result['_id']+1;
            else
                $primary_key = 1;
            return $primary_key;
        }
        catch (MongoException $e)
        {
            show_error($e->getMessage());
            return NULL;
        }

    }
}

}
```

13.4 CodeIgniter 框架

13.4.1 基本介绍

为了提高效率，此电商平台基于成熟的 CodeIgniter 框架来开发。它是一个简单且快速的 PHP MVC 框架，目标是在最小化、最轻量级的开发包中得到最大的执行效率、功能和灵活性。目前 PHP MVC 框架有很多，选择 CodeIgniter，主要是由于它为开发团队提供了足够的自由，允许开发人员更迅速地工作。CodeIgniter 不需要编写大量代码，也不会要求插入类似于 PEAR 的庞大库。它在 PHP 4 和 PHP 5 中表现良好，允许创建可移植的应用程序，使用它来开发也不必使用模板引擎创建视图（只需沿用旧式的 HTML 和 PHP 即可）。

CodeIgniter 是给 PHP 网站开发者使用的一套应用程序开发框架和工具包，它提供一套丰富的标准库以及简单的接口和逻辑结构，使开发人员能更快速地将精力投入到项目的创造性开发上。

13.4.2 下载与安装

我们可以直接从下面这个地址下载压缩包 CodeIgniter_2.2.0.zip：http://codeigniter.org.cn/user_guide/installation/downloads.html。

CodeIgniter 安装主要有两个步骤。

（1）解压缩安装包。

（2）把 CodeIgniter 文件夹和里面的文件上传到要使用的 Web 服务器，里面包含的 index.php 文件通常在根目录。

通过上面这两个简单的步骤我们就可以在自己的项目中使用 Codeigniter 了，图 13-1 是一个典型目录架构图。

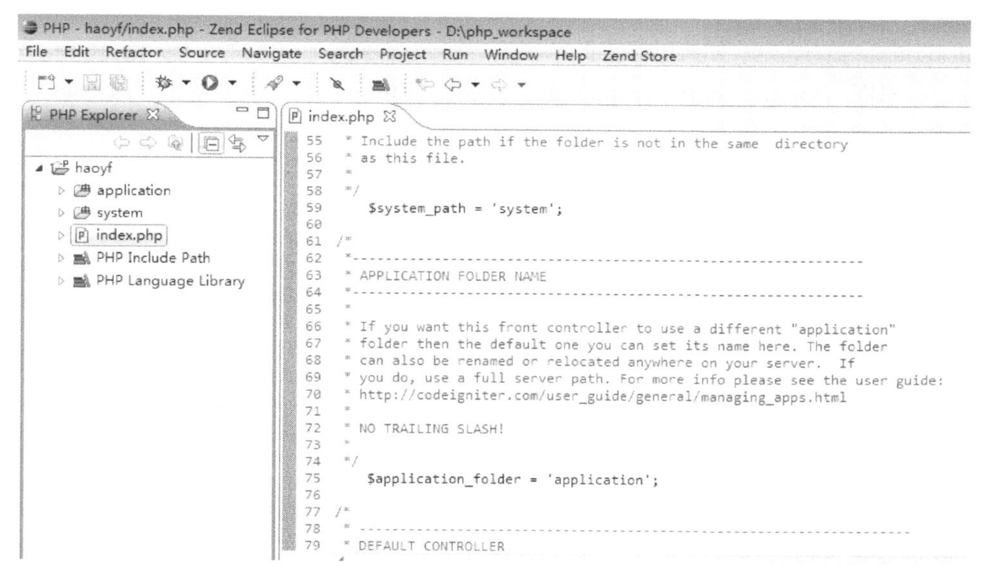

图 13–1　Codeigniter 框架典型目录架构图

一个 index.php 文件：Codeigniter 框架的初始化文件，包括全局函数，对象的实例化。

一个 application 文件夹：自己开发的业务逻辑代码基本放在这个目录下，这个文件下还包含了实现 MVC 设计模式的三个子文件夹，即 models、views 和 controllers，对应开发的文件分别放在这三个子文件夹下。

一个 system 文件夹：Codeigniter 核心类、全局函数的定义、大量成熟的类库都在这个文件夹下，开发时如果需要某个功能（如图片上传），我们可以先看看 Codeigniter 手册是否已经有这样的类库了，目前 Codeigniter 支持的常用类库如下。

- 邮件发送类：支持附件、HTML 或文本邮件，支持多协议 sendmail、SMTP 和 Mail，对应文件为 libraries\Email.php。
- 图像处理类：支持图像的剪裁，缩放，旋转等操作，支持 GD、ImageMagick 和 BetPBM，对应文件为 libraries\Image_lib.php。
- 文件上传类：允许文件被上传，同时可以指定上传某类型的文件以及指定文件的大小，对应文件为 libraries\Upload.php。
- FTP 类：允许将本地文件传输到远程服务器上，同时可以移动、重命名和删除远程服务器上的文件，对应文件为 libraries\Ftp.php。

Codeigniter 还支持一些其他类，我们可以查看官方手册文档了解。

如果希望通过隐藏 CodeIgniter 文件的位置来增加安全性，我们可以修改 system 和 application 目录的名字；如果已经修改了名字，那么就必须打开主目录下面的 index.php 文件并设置里面的$system_path 和$application_folder 变量，把它们设成刚刚修改的新名字，如下两行关键代码所示。

```
$system_path = 'system';
$application_folder = 'application';
```

在默认设置下，每个文件夹中都有一个 .htaccess 配置文件以拒绝直接访问，但是当把代码部署到生产环境时最好移除它们，因为生产环境的 Web 服务可能会不支持 .htaccess 的配置。

13.4.3 执行原理

为了更好地通过阅读源代码分析 Codeigniter 框架的执行原理，对于 PHP 的几个关键特性我们要先了解。

1. 常量

我们可以用 define()函数来定义常量，如在文件 index.php 中第 167 行和 170 行定义的常量。

```
define('EXT', '.php');

define('BASEPATH', str_replace("\\", "/", $system_path));
```

2. 变量的作用域

常量一旦被声明将在全局可见，也就是说，它可以在函数内外使用，但是这仅仅局限于一个页面以及被包含进来的 PHP 脚本，在其他页面中就不能使用了，如在上面定义的两个常量，我们同时看到在 index.php 中第 202 行包含了一个文件进来，如下代码所示。

require_once BASEPATH.'core/CodeIgniter.php';

那么上面定义的常量我们在脚本 CodeIgniter.php 也能访问。

在函数内创建并声明为静态的变量在函数外部不可见，也就是说它的作用域限定在函数内部，但是它可以在函数的多次执行过程中保持该值。

变量的作用范围覆盖包含进来的 include 或 require 文件，被包含文件的变量的作用域遵从包含文件所在处的作用域；所有在被包含文件中定义的函数和类在被包含后，在包含文件里都具有全局作用域（全局是指此脚本文件，相当于把“函数”、“类”的代码附加到包含文件的头部），如图 13-2 所示。

```
脚本 A.php
<?php
$b= 'sytem' ;
require_once 'B.php' ;
function invoke( )
{
require_once 'B.php' ;
}
?>
```

```
脚本 B.php
<?php
$b= 'app' ;
function show( )
{
echo 'it is app'
}
?>
```

图 13-2 变量的作用域分析

在脚本 A.php 中函数 invoke 包含脚本 B.php，其中函数 show 的作用域在 A.php 中是全局的，而变量 b 则是局部的，只在函数 invoke 中有用。

3. 变量的生命周期

全局变量和静态变量的生命周期为包含此变量的脚本文件，每次重新请求该脚本文件时静态变量的值恢复到初始值。函数内部创建的变量对函数来说是本地的，当函数终止时，该变量的生命周期也就结束了。

4. 类的构造函数

PHP 支持面向对象编程，Codeigniter 框架也是基于此开发的，但 PHP 中类的构造函数还是与传统的 C++等有所区别，主要有如下两点。

如果子类不定义构造函数__construct()，则父类的构造函数默认会被继承下来，且会自动执行。

如果子类定义了构造函数__construct()，因为构造函数名也是__construct()，所以子类的构造函数实际上是覆盖(override)了父类的构造函数，这时执行的是该子类的构造函数，同时如果要在子类里执行父类的构造函数，我们必须执行类似下面的语句。

```
parent::__construct();
```

对于应用程序来说，任何脚本页面的请求都是从 Codeigniter 框架的 index.php 文件开始的，一个完整的流程如图 13-3 所示。

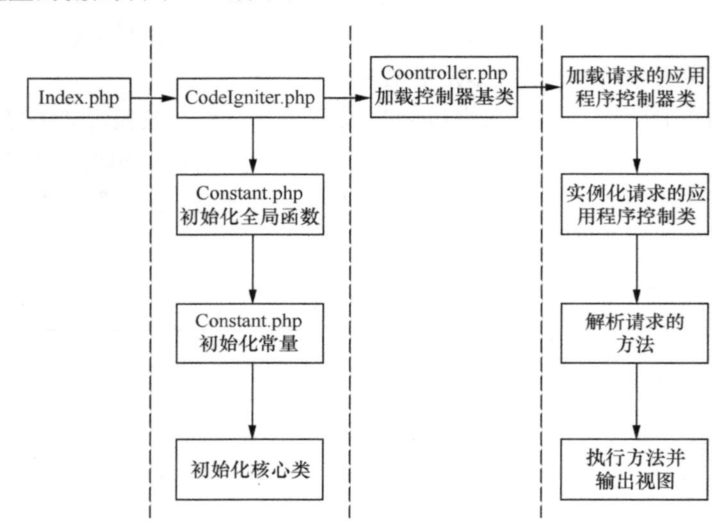

图 13-3　Codeigniter 框架一个完整的执行流程

13.4.4　代码示范

既然 Codeigniter 是基于 MVC（模型-视图-控制器）设计模式的，开发的应用程序也应该遵循这种模式，下面我们结合 13.3 节介绍的 MongoDB_driver 类编写一个简单的控制器、模型的代码，视图代码将在 13.5 节结合 bootstrap 介绍。

（1）控制器代码如下所示。

```
<?php
class Goods extends CI_Controller{
    public function __construct()
    {
        /*
       *初始化控制器基类
```

```
        */
            parent::__construct();
        /*
         *加载模型，使它成为控制器 Goods 的一个属性，方便后续的调用
        */
          $this->load->model('goods_model');
      }

    /*
     *定义一个控制器的方法
     *读取数据并在视图中输出
      */
     public function show_all_goods()
     {
       /*
        *调用模型对象的方法
       */
         $data['goods'] = $this->goods_model->get_all_goods();
         if(sizeof($data['goods']) == 0)
             show_error('no data');
         else
             $this->load->view('pages/goods_view',$data);//显示视图

     }
}
```

我们在浏览器中输入地址：**http://index.php/goods/show_all_goods**，就可以在界面展示了，如果控制器中的方法带有参数，也可以通过 Url 请求进行传递，如：**http://index.php /goods/ show_all_goods/1**。

（2）模型代码如下所示。

模型中主要封装一些对数据库操作的代码。

```
<?php
class Goods_model extends CI_Model{
    public static $mc = NULL;
    public function __construct()
```

```
    {
      if(is_null(self::$mc))
        try
        {
            /*
          *加载驱动类并实例化
          */
          require_once(APPPATH.'libraries/mongodb_driver.php');
            self::$mc = new mongodb_driver();
        }
        catch (Exception $e)
        {
           show_error($e->getMessage());
        }
    }

  public function get_all_goods()
    {
        try
        {
            /*
            *调用对象的方法读数据库，更多方法可参考 13.3 节
            */
            $result = self::$mc->db_find('haoyf','Order',array('_id'=>2),array
('StatusInfo.desc'=>1,'_id'=>0));
            return $result;
        }
        catch (Exception $e)
        {
            show_error($e->getMessage());
            return NULL;
        }

    }
```

视图部分的代码将在 13.5 节结合 bootstrap 介绍。

13.5 Bootstrap 框架

Bootstrap 是 Twitter 推出的一个开源的、用于前端开发的工具包，它由 Twitter 的设计师 Mark Otto 和 Jacob Thornton 合作开发，是一个 CSS/HTML 框架，Bootstrap 提供了优雅的 HTML 和 CSS 规范，它是由动态 CSS 语言 Less 写成的。

Bootstrap 是基于 jQuery 框架开发的，它在 jQuery 框架的基础上进行了更为个性化和人性化的完善，形成一套自己独有的网站风格，而且兼容大部分 jQuery 插件。

Bootstrap 中包含了丰富的 Web 组件，根据这些组件，我们可以快速地搭建一个漂亮的、功能完备的网站，其中包括以下常用组件：下拉菜单、按钮组、按钮下拉菜单、导航、导航条、面包屑、分页、排版、缩略图、警告对话框、进度条、媒体对象等。

我们在官网 http://getbootstrap.com/getting-started/#download 下载 bootstrap-3.2.0-dist.zip，解压缩后，将文件 bootstrap.css 和 bootstrap.js 引入项目中即可，注意 Bootstrap 还为每个文件提供了压缩版本，所以在生产环境部署时我们可以用压缩后的文件 bootstrap.min.css 和 bootstrap.min.js。

与 13.4.4 节介绍的控制器和模型代码对应的视图代码如下所示。

```
<!DOCTYPE html>
<html>
  <head>
    <meta charset="utf-8">
    <meta http-equiv="X-UA-Compatible" content="IE=edge">
    <meta name="viewport" content="width=device-width, initial-scale=1">
    <title>首页</title>

   <!-- 加载 Bootstrap 的 CSS 文件 -->
    <link href="css/bootstrap.min.css" rel="stylesheet">

  </head>
  <body>
    <h1>商品展示</h1>
  <!-- goods 为控制器里面变量 data[goods]的数据,相当于一个二维数组 -->
  <?php
```

```
    foreach($goods as $doc)
    {
      echo $doc['StatusInfo']['desc'].'</br>'  ;
    }
   ?>

    <!-- jQuery 插件，必须在 bootstrap.js 前面加载 -->
    <script src="js/jquery.min.js"></script>
    <!-- 加载 Bootstrap 插件 -->
    <script src="js/bootstrap.min.js"></script>
  </body>
</html>
```

13.6 前台界面原型图

（1）首页如图 13-4 所示。

图 13–4　首页

（2）商品详情如图 13-5 所示。

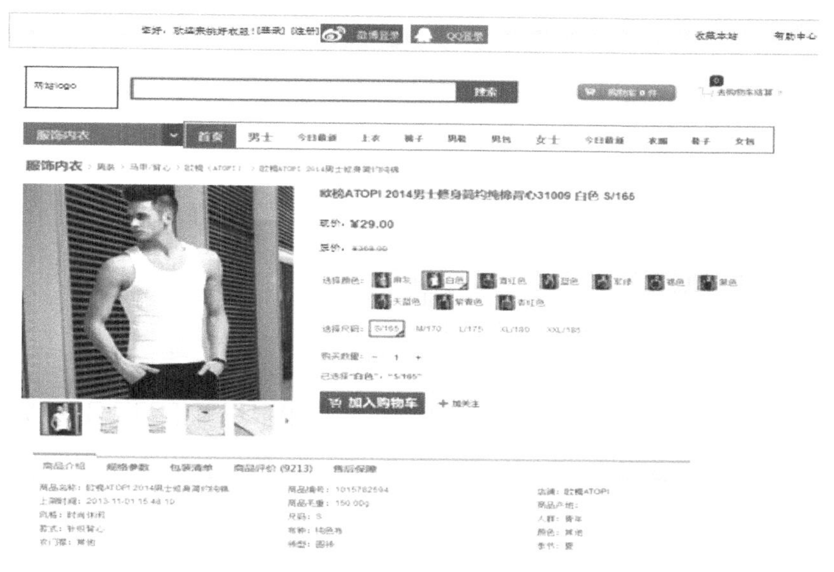

图 13-5 商品详情

（3）订单如图 13-6 所示。

图 13-6 订单

（4）购物车如图 13-7 所示。

我的购物车

您好，欢迎来挑好衣服[登录] [注册] 微博登录 QQ登录　我的订单　收藏本站　帮助中心

网站logo

我的购物车

全选	商品信息	单价（元）	数量	金额（元）	操作
	2014春装新款运动长袖t恤 男士纯棉圆领加肥加大… 颜色：6031 黑色　尺码：170/90(M)	10.00	1	10.00	移入收藏夹 删除
	2014新款夏装男士短袖t恤纯棉宽松韩版潮青少年… 颜色：LEE白色　尺码：S"建议80-105斤	15.00	1	15.00	移入收藏夹 删除
	假一赔百 战地吉普T恤加肥加大码短袖男装宽松半… 颜色：军绿色　尺码：M（建议体重130左右）	19.96	1	19.96	移入收藏夹 删除

图 13–7　购物车

（5）按类别展示商品如图 13-8 所示。

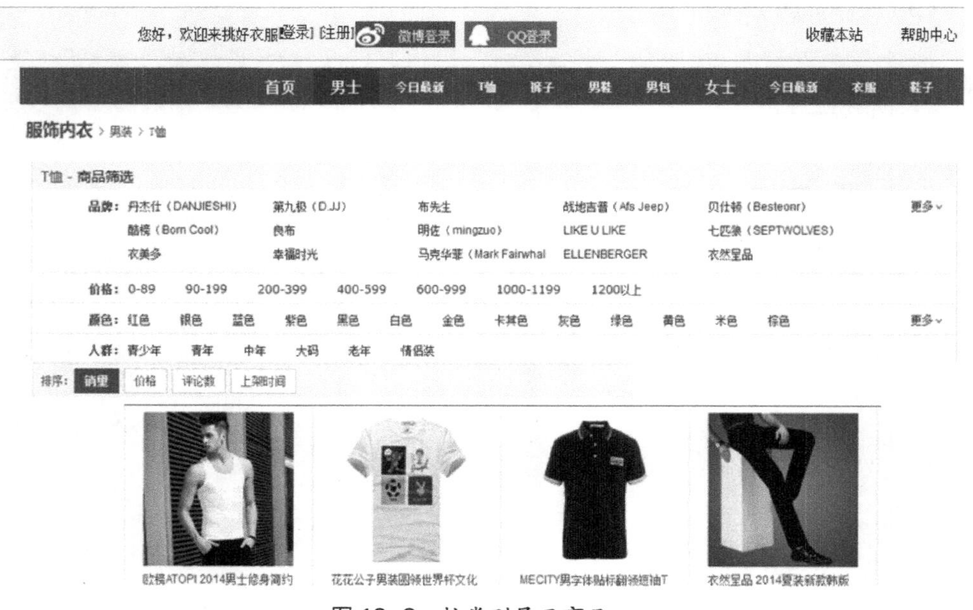

图 13–8　按类别展示商品

（6）个人中心如图 13-9 所示。

您好，欢迎来挑好衣服[登录] [注册] 微博登录 QQ登录 收藏

网站logo

搜索

收货地址

账号管理

· 个人资料

· 收货地址

新增收货地址 电话号码、手机号选填一项,其余均为必填项

所在地区：* 请选择省市/其他... 请选择城市... 请选择区/县... 请选择...

邮政编码：*

街道地址：* 不需要重复填写省市区，必须大于5个字符，小于120个字符

收货人姓名：* 长度不超过25个字

手机号码： 电话号码、手机号码必须填一项

电话号码： 区号 - 电话号码 - 分机

设为默认地址： 设置为默认收货地址

图 13-9 个人中心

附录 常见问题

本附录将收集一些关于 MongoDB 经常被问及的问题，并对这些问题给出解答，这些问题和答案能帮助读者更好地理解和使用 MongoDB。

1. 锁粒度与并发性能怎么样？

数据库的读写并发性能与锁的粒度息息相关。不管是读操作还是写操作，在开始运行时，都会请求相应的锁资源，如果请求不到，操作就会被阻塞。读操作请求的是读锁，能够与其他读操作共享，但是当写操作请求数据库时，它所申请的是写锁，具有排它性。

MongoDB 在 2.2 之前的版本，锁的粒度是非常粗的，它会锁住整个 mongod 实例。这意味着当一个数据库上的写锁被请求后，对 mongod 实例上管理的其它数据库的操作都会被阻塞。2.2 版本降低了锁的粒度，引入了单个数据库范围的锁，也就是说读写操作的锁被限定在单个数据库上，当一个数据库被锁住后，其他数据库上的操作可以继续被执行。尽管相对于全局实例范围锁，数据库范围锁性能有所提高，但是对于同一个数据库大量的并发读写还是会有性能瓶颈出现。本书介绍的 2.6 版本仍然是数据库范围锁，所以并发性能问题仍然存在。

在即将发布的 2.8 版本中将会引入基于文档级别的锁，相当于关系数据库中的行级锁，锁的粒度更进一步变细。因此当一个写操作发生时，只有涉及到的文档会被锁住，如果写操作涉及到整个集合，那么将会产生一个集合锁来锁住整个集合。同理，如果写操作涉及多个数据库，仍然会有一个全局实例锁产生。

2. 是否支持 ACID 事务？

经典 ACID 事务有四种特性即 Atomicity、Consistency、Isolation 和 Durability。其中原

子性保证了事务的操作要么全部成功，要么失败后进行回滚，使数据库回到原来的状态。一致性保证了事务在开始之前和结束以后，数据库中的数据完全符合所设置的各种约束和规则；隔离性保证了多个事务操作同一数据时，相互之间按照约定的隔离级别访问和修改相同的数据，不同的关系数据库会有不同的默认隔离级别；持久性保证了事务结束后，事务所涉及到的数据变化被持久地保存在数据库中，即使断电重启数据也会完整地存在。

MongoDB 并不支持 ACID 事务特性，但是 MongoDB 支持在单个文档（记录）上的原子操作，设计数据模型时，通过文档嵌套的方式也能解决关系数据库中 ACID 事务特性所要求的大多数问题。例如，在关系数据库中多条相关联的记录存储，可以通过嵌套数组或文档的形式作为一条记录保存在 MongoDB 中，这样相当于实现了原子性。

3. 内存映射文件如何工作？

内存映射文件是指调用操作系统的底层函数 mmap( )将磁盘上的文件映射到一个操作系统虚拟地址空间中，只是地址与地址之间建立一个映射关系，实际数据还在物理磁盘上，不在内存中。内存映射文件是 MongoDB 存储引擎管理数据的核心方法，一旦完成映射，MongoDB 对这部分文件数据的访问，就好像在内存中访问一样，通过一个地址就能直接访问了。

MongoDB 利用内存映射文件的方式管理和操作所有的数据，如果数据没有被映射到内存中，则不能被访问。对已经完成内存映射的文件进行访问时，如果发现数据不在内存中，则会发生缺页错误，操作系统将通过映射好的地址关系找到在磁盘上的数据文件并将它加载到内存中。

4. 服务器的内存多大合适？

MongoDB 采用内存映射文件的机制来加快数据的读写速度，使用操作系统自带的虚拟内存管理器来管理内存，理论上 MongoDB 会占用服务器上所有的空闲内存，但实际情况下的数据文件总是远大于物理内存的大小，况且可能会有新的进程运行在服务器上，这也需要占用内存，因此全部将数据文件映射到虚拟地址空间是不可能的。

MongoDB 在实际运行过程中，会有一部分经常被客户端访问的数据和索引，称之为活跃“工作集”。如果能保证这部分“工作集”的数据常驻内存，系统性能将比较高效。否则，大量的磁盘 I/O 操作将会发生，降低系统性能。因此，服务器的内存大小最少大于“工作集”数据的大小比较合适。当服务器的空闲内存不足时，操作系统会根据内存管理算法将最近最少使用的数据从内存中移除，腾出空间给有需要的数据。

5. 不支持 join 查询怎么办？

Join 查询是关系数据库中一种经典的多表联合查询的方式，但 MongoDB 并不支持这种操作。如果你想在多个 Collection 中检索数据，那么你必须做多次的查询，如果觉得手动做的查询太多了，你可以重新设计你的数据模型来减少整体查询的数量。

MongoDB 中的文档可以是任何类型，我们可以轻易地对数据结构进行重构，这样就可以让它始终和应用程序保持一致，用一次查询就能满足需求。切记，避免用关系数据库的思维来设计 MongoDB 的表结构。

6. 复制集提供了数据冗余功能为什么还要用 Journaling？

Journaling 是特别有用的当数据库遇到突然断电等异常情况时，尤其是对只有单个节点的数据中心，它能使数据库快速地恢复起来。Journaling 类似关系数据库 MySQL 中的事务日志功能，它与复制集的冗余功能不一样，后者更强调的是一种数据备份，而 Journaling 偏向与数据库灾难恢复。关于 Journaling 的工作机制，请参考本书第 5 章。

7. 什么时候该用 GridFS？

GridFS 本质上还是基于 MongoDB 的 collection 和 document 等核心技术的，只是它会将大于 16MB 的文件分割成许多小文件，然后将这些小文件存储在相应的 collection 中。

如果需要存储的单个文件的大小超过 16MB，就应该用 MongoDB 自带的 GridFS 系统，有的时候将大文件存储在 MongoDB 的 GridFS 中比直接存在操作系统的文件系统中要更加高效。如果需要存储的文件数超过了操作系统中一个目录下允许包含的文件总数，则可以用 GridFS 系统。当你想要将你的文件分布式部署在各个数据中心并提供冗余保护时，可以用 GridFS 系统。

此外，当你的所有文件大小都小于 16MB 时，不要用 GridFS 系统，因为将每个文件保存在一个 document 中往往会更高效。

8. 分片集群如何分发查询请求的？

如何分发查询请求在一个分片集群上取决于集群的配置和查询语句本身。例如一个被分片的集合，有两个字段：user_id 和 user_name，其中 user_id 为分片的片键，当一个查询语句利用 user_id 作为过滤条件返回结果时，mongos 路由进程将先利用配置服务器上的元信息解析出需要从哪个或哪几个片上获取数据，然后直接将查询请求定向到具体的片上，最后返回结果给客户端。当一个查询利用 user_id 作为过滤条件同时要求对查询结果进行排序时，mongos 先将查询请求路由到具体的片上，并在各个片上完成排序，最后 mongos 将合并排序结果返回给客户端。当一个查询利用 user_name 作为过滤条件时，则查询请求将被定向到所有的片上，mongos 合并各片上查询结果返回给客户端。

9. 复制集从故障中自动恢复要多久？

复制集从故障中恢复并选择一个新的 primary 节点大约需 1 分钟的时间。通常其他成员节点将会花 10～30 秒的时间发送心跳包到发生故障的 primary 节点，判断 primary 节点发生了故障。接着触发一个选举，再花 10～30 秒的时间选举出新的 primary 节点，在选举的过程中，复制集不能响应写操作请求。如果配置了允许客户端从其他 secondary 节点读取，则在选举的过程中复制集能够响应客户端的读请求。

10. 为什么磁盘分配的空间大于数据库中数据大小？

这主要有以下几方面的原因：

（1）MongoDB 存储引擎采取预分配数据文件机制，这样能够减少文件系统的碎片。MongoDB 将第一个数据文件命名为<数据库名>.0，第二个命名为<数据库名>.1，依次类推下去。第一个文件的大小为 64MB，第二个为 128MB，后面分配的文件大小都是前面一个的两倍，这样会导致最后分配的数据文件可能会有部分空间是没有保存数据库数据的，因此会浪费一点磁盘空间。

（2）如果 mongod 实例是复制集的成员，则会在数据目录下产生一个 oplog.rs 文件。文件中包含用来同步数据的操作日志，类似于 MySQL 中的二进制日志，这个文件的大小约占 5%的磁盘空间，它是可以被重复使用的。

（3）数据目录中还会包含 journal 文件，在写作的更改刷新到数据文件之前，用来保存写操作日志，实现数据库的恢复功能，类似于 MySQL 中的 redo 日志。

（4）当删除一些集合或文档时，MongoDB 存储引擎会重用这部分数据空间，但是不会把这部分空间返还给操作系统，除非执行 repairDatabase 命令。

所以 mongod 实例占用的磁盘空间大小总是大于数据库中数据文件的大小。

11. 分片集群中块的迁移如何影响集群性能？

分片集群为了保持块在各个片上的均衡，必然会发生块的迁移。可以设置 balancing window 来阻止平衡器在系统访问高峰期时执行块的迁移；增加更多的片也可以提高集群的分发负载；选择合适的片键也是至关重要的。

12. 什么场景不适合用 MongoDB？

如果应用程序需要复杂的事务处理，MongoDB 并不是个好的选择，MongoDB 并不会取代所有旧的基于关系数据库模型的系统。

13. MongoDB 和 Hadoop 的区别？

MongoDB 侧重于数据操作的应用，而 Hadoop 侧重于数据分析的应用，两者是互补的。MongoDB 能够满足对读写性能要求极高的应用场景，这些应用的响应延迟通常控制在 10 毫秒以下，甚至微秒级。相反，Hadoop 上的每一个读写操作都包含大量的数据，通过聚集分析处理大量的数据，延迟通常在数分钟甚至数小时内。

14. MongoDB 支持云部署吗？

MongoDB 设计之处就支持云部署，许多云服务供应商都提供 MongoDB 服务，如 Amazon Web Services、IBM Softlayer、Rackspace、Compose、MongoLab 和 Microsoft Azure 等厂商。

15. 即将推出的 2.8 版本有什么新功能？

最大的新功能就是锁粒度的改变，将支持行级锁，并发性能大大提高。

16. 遇到疑难问题，如何获得解答？

为了更好解答与本书相关的问题，特别设置答疑解惑 QQ 群，群号为：**202878693**。本书作者团队将会在这里发布最新的技术资讯、文档案例，定期推出视频辅导课程，欢迎读者加入。